网络体验

朱海霞　侯　美　主　编

盖春光　杨爱文　初　征　副主编

电子工业出版社
Publishing House of Electronics Industry
北京·BEIJING

内 容 简 介

本书采用案例引领法，联系学习生活中遇到的实际问题，通过案例详细讲述了网络学习、交流、娱乐、交易以及基本的网络操作安全，结合当前的网络热点和典型案例分析，引导学生健康文明上网，并合理利用网络资源进行系列学习活动，预防网络欺骗和网络犯罪，使网络有效地为学习生活服务。

本书可作为中等职业学校计算机网络技术专业及其相关方向的实训教材，也可作为引领青少年、学生健康上网、文明上网的课外读物，或作为普通网络使用者提高网络应用能力和提高防范意识的参考书。

图书在版编目（CIP）数据

网络体验 / 朱海霞，侯美主编. —北京：电子工业出版社，2018.5

ISBN 978-7-121-32860-2

Ⅰ．①网… Ⅱ．①朱… ②侯… Ⅲ．①计算机网络—中等专业学校—教材 Ⅳ．①TP393

中国版本图书馆 CIP 数据核字（2017）第 244074 号

策划编辑：关雅莉
责任编辑：裴 杰
印　　刷：北京七彩京通数码快印有限公司
装　　订：北京七彩京通数码快印有限公司
出版发行：电子工业出版社
　　　　　北京市海淀区万寿路 173 信箱　邮编　100036
开　　本：787×1 092　1/16　印张：13.75　字数：352 千字
版　　次：2018 年 5 月第 1 版
印　　次：2018 年 5 月第 1 次印刷
定　　价：28.00 元

凡所购买电子工业出版社图书有缺损问题，请向购买书店调换。若书店售缺，请与本社发行部联系，联系及邮购电话：（010）88254888，88258888。

质量投诉请发邮件至 zlts@phei.com.cn，盗版侵权举报请发邮件至 dbqq@phei.com.cn。

本书咨询联系方式：（010）88254617，luomn@phei.com.cn。

前　　言

　　本书是国家"十二五"规划系列教材之一，是适应中等职业学校人才培养的需要，根据教育部 2013 版专业目录确定的《山东省中等职业学校计算机网络应用专业教学指导方案》编写的，是网络应用技能方向的专业技能基础课程。

　　随着信息社会的到来，互联网已经进入每个人的学习、生活中。据不完全统计，2016 年 6 月，中国网民规模已达 7.1 亿，互联网普及率为 51.7%。在我国网民中依然以中等学历群体为主，初中、高中/中专/技校学历的网民占比分别为 37.0%、28.2%。中等学历群体已经成为网民中规模最大的群体，并继续保持稳定增长。手机网民规模的持续增长促进了手机端各类应用的发展，是目前中国互联网发展的主要趋势。

　　人们通过网络获取各种信息，利用即时通信软件交流沟通，在各种商业平台上完成网络购物等商务交易。然而，如何合理运用网络资源为我们服务，引导我们自觉遵守网络道德和网络秩序，做到安全上网、健康上网、文明上网，是这个"互联网+时代"需要研究的重要课题。

　　本书从学生的网络生活需求出发，通过贴近学生网络生活实际的典型篇章——网上学习（体验 1～体验 3）、网络交流（体验 4～体验 6）、网络交易（体验 7～体验 9）、网络娱乐（体验 10～体验 12）、网络道德（体验 13 和体验 14）、网络安全（体验 15～体验 17），结合当前网络热点和典型案例，指导学生如何健康、文明地利用网络获取信息、沟通交流、休闲娱乐、购物消费等。本书尤其强调学生应遵守的基本网络道德，提高学生的网络安全意识；引导学生正确使用网络资源，预防网络欺骗和网络犯罪，使网络有效地为学习生活服务。

　　本书采用"体验、任务"的形式，通过"网络课堂""相关链接""文明上网小贴士""警示窗""思考与讨论""手机在线"等环节，展示了学生在实际网络生活中遇到的典型案例和热点问题，进而渗透性地介绍了网络的基本知识、网络安全和网络道德常识，让学生不仅能合理运用网络为自己的生活服务，还能提高自身的信息素养，传递网络正能量。

　　为了提高学习效率和教学效果，本书配套的网络课程和使用的图片等相关素材将通过中国远程教育网公布，供学习者下载使用。

　　本书由朱海霞、侯美主编，由盖春光（利津县职教中心）、杨爱文（泰安市文化产业中等专业学校）、初征（山东科技大学）任副主编，尹尚吉（济南第五中学）、王蕾（鲁中中等专业学校）、林登奎（菏泽信息工程学校）、王芳（宁阳县职教中心）、李芸（泰安市文化产业中专）、王心刚（高密中等专业学校）、朱长民（烟台亚北信网络信息科技有限公司）也参与了本书内容的编写，在此一并感谢！

　　由于编者水平有限，书中不足之处在所难免，恳请广大读者批评指正，作者联系邮箱：1056027088@qq.com。

编　者

目　　录

体验 1　数字化校园

课堂存疑问，同步来解答

任务描述

完成课堂学习之后，总是有许多疑问，咨询教师固然最好，但并不能随时随地都能得到解答，网络同步课堂是我们的"课外辅导教师"。

任务解析

1. 打开中国远程教育网的会员

在浏览器地址栏中输入"http://www.cnycedu.com/"，即可打开中国远程教育网，如图 1-1 所示。在用户登录处单击"注册会员"按钮，弹出"会员注册"对话框，如图 1-2 所示，填写相关信息后单击"完成注册"按钮即可完成注册。

>> 图 1-1　中国远程教育网

>> 图 1-2　"会员注册"对话框

2．登录并了解远程教育网的课程

在打开的网页中，在用户登录处输入用户名和密码，单击"登录"按钮，即可登录到自己的账户，在主页面中单击"课程介绍"按钮，打开关于远程教育网的课程简介页面，如图 1-3 所示。仔细阅读，了解相关内容，便于今后学习。

3．试听课程

在主页面中单击选择"试听课程"标签，打开试听课程页面，如图 1-4 所示。查找自己感兴趣的课程，单击"免费注册试听"按钮，即可打开相关教师的名师课堂，教师的讲解会对我们有所帮助。如果在免费试听中不能找到自己的内容，只能付费了。

>> 图 1-3　中国远程教育网课程介绍页面

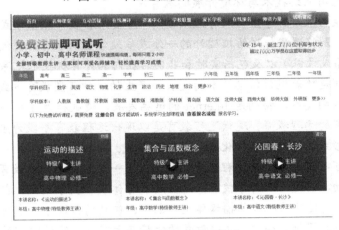

>> 图 1-4　试听课程页面

4．寻找学习资源下载

在主页面中选择"资源中心"标签，打开资源中心页面，如图 1-5 所示。在资源中心页面中可以单击选择自己所需的学习资源，在打开的相应资源窗口中单击相应的下载按钮，如单击"联通网通下载地址"按钮，弹出下载确认对话框，单击"确定"按钮即可下载相应内容，但是要扣除积分的。

>> 图 1-5　资源中心页面

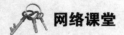　网络课堂

远程教育

远程教育，也称现代远程教育或网络教育，是指使用电视及互联网等传播媒体的教学模式，它突破了时空的界线，有别于传统需要校舍，安坐于教室的教学模式。使用这种教学模式的学生，通常不需要到特定地点上课，因此可以随时随地上课。学生亦可以透过电视广播、互联网、辅导专线、课研社、面授（函授）等多种不同渠道互助学习。它是现代信息技术应用于教育后产生的新概念，即运用网络技术与环境开展的教育。

远程教育是学生与教师、学生与教育组织之间，主要采取多种媒体方式进行系统教学和通信联系的教育形式，是将课程传送给校园外的一处或多处学生的教育。现代远程教育则是指通过音频、视频（直播或录像）以及包括实时和非实时在内的计算机技术把课程传送到校园外的教育。现代远程教育是随着现代信息技术的发展而产生的一种新型教育方式。计算机技术、多媒体技术、通信技术的发展，特别是 Internet 的迅猛发展，使远程教育的手段有了质的飞跃，成为高新技术条件下的远程教育。现代远程教育是以现代远程教育手段为主，兼容面授、函授和自学等传统教学形式，多种媒体优化组合的教育方式。

现代远程教育可以有效地发挥远程教育的特点，是一种相对于面授教育、师生分离、非面对面组织的教学活动，它是一种跨学校、跨地区的教育体制和教学模式。它的特点是：学生与教师分离；采用特定的传输系统和传播媒体进行教学；信息的传输方式多种多样；学习的场所和形式灵活多变。与面授教育相比，远程教育的优势在于它可以突破时空的限制；提供更多的学习机会；扩大教学规模；提高教学质量；降低教学的成本。基于远程教育的特点和优势，许多有识之士已经认识到发展远程教育的重要意义和广阔前景。

　相关链接

课程学习网

1. 综合类学习网

● 北大百年学习网（http://www.beida100.com/）

北大百年学习网是全方位、专业化的远程教育服务提供商。网站自成立以来在众多教育培训机构、科研部门的大力支持和协助下，教育项目覆盖了基础教育、中小学教育到高等教育等各个年龄阶段的教育方式。北大百年学习网提供的学习产品满足了所有求学者的不同需求，通过北大百年学习网"学习卡"可以学习从小学到高中的所有科目课程，一卡通用，讲解生动有趣，集声音、动画、视频、习题等于一身，真正把北京及全国特高级教师请回家，打造全国性的远程学习辅导班。北大百年学习网所有学习课程师出名门，汇集了多所全国重点中学、教育研究机构的同步教程、同步视频、同步教案、同步试题，全部资料由各校的高级教师、特级教

师、学科带头人和主管中高考例题的专职研究员撰写。

● 天天上课网（http://www.ttsk.cn/）

网校通过生动有趣的视频课程和丰富多彩的教学环节，在教师全程陪伴的基础上，快速有效地向学生传递知识，提升能力，让学习变得轻松、快乐、别具一格。主要特点有：高清视频课程活泼生动、教研团队立足教学体系研发教学内容、主讲教师深入浅出地讲解课程要点、教学风格活泼生动、带给你不一样的上课体验、电影级后期制作、高清视频生动有趣等。

视频学习：教学风格活泼生动，课程视频诙谐有趣；轻松快乐地传递知识，提升学生的学习兴趣，让学习不再枯燥乏味。

课后作业：学完课程做作业，随学随练时刻巩固所学知识；教师一对一批改作业，随时指正学习问题。

教学活动：教师与学生在轻松有趣的教学活动中再次巩固所学知识，检测学习效果；家长再也不用担心孩子的学习了。

效果反馈：天天上课为每个学生建立学习分析报告，实时反馈学生们的学习情况。

● 简单学习网（http://www.jd100.com/）。

简单学习网成立于2007年年初，由北京简单科技有限公司创办。简单学习网依托北京大学研发的"CAT技术"，是中国第一家互动视频网校。

授课理念：顶级名校名师针对初中、高中各科重点、难点及高频考点，精讲压箱宝题，透析原理方法，指出易错点，总结解题规律，帮助学生举一反三。

课程设计核心思想：跳出题海五步法——多做题，更要多思考，多总结，这也是简单教育"倾注爱心，培育人格，激发潜能"的具体体现。"做五套题，不如一套题认真走五步。"

● 我爱学习网（http://www.5ixuexi.net/）。

我爱学习网成立于2011年12月1日，是一个学习交流的平台，作为免费学习的网站，主要提供英语学习，初中学习，高中学习，学习方法指导，记忆力/脑力提升，作文、论文、范文写作指导，口才训练/简历制作，日常交际/职场励志等成功经验方法，以及经典语录、优美散文、文言文、诗歌、幽默搞笑等文章。

我爱学习网的信息都是通过广泛收集、认真筛选、精心编辑的，将最精华的内容奉献给大家，希望帮助大家学习成长。

2. 专科类学习网

● 科学网（http://www.sciencenet.cn/）。

科学网是由中国科学院、中国工程院和国家自然科学基金委员会主管，科学时报社主办的综合性科学网站，主要为网民提供快捷权威的科学新闻报道、丰富实用的科学信息服务以及交流互动的网络平台，目标是建成最具影响力的全球华人科学社区。

● 中国国家地理网（http://www.dili360.com/）。

中国国家地理新媒体将以网络为旗舰，融合手机媒体、电子杂志等新媒体形式，展现CNG品牌的力量，打造中国第一家以专业地理百科知识为基础，线上线下为一体的多元化经营体系。主要经营门户网站、电子杂志、无线增值业务、广告传媒、线下活动、旅游房地产等项目。宗旨：阅古今，行天下，品生活！

● 探索者中学仿真实验网（http://www.zuoshiyan.com/）。

"探索者"是一支由一线教师和资深技术人员组成的队伍，怀抱着对新技术和教育相结合的激情和梦想，把计算机技术和一线教学经验完美融合起来，研发了探索者初中化学和物理仿真实验室。设计者一改传统仿真实验的设计思路，力求最大化仿真实验的过程，为我们提供前所未有的仿真实验操作体验。

任务描述

由于各种原因，我们不可能集合所有的名校名师来给我们面对面上课，但是通过网络可以让我们如同身临其境观看各大名校名师现场原汁原味的精彩课堂实录，还可以与名师在线交流，实现人人都能上名校的梦想。

任务解析

1. 注册央视中国公开课网的会员并登录

在浏览器地址栏中输入"http://opencla.cntv.cn/"，即可打开央视中国公开课网，如图 1-6 所示。在页面上方的"登录"面板中单击"立即注册"超链接，弹出注册会员对话框，填写相关信息后单击"注册"按钮即可完成注册。如果使用邮箱注册，需要登录邮箱验证后才会自动连接登录。

≫ 图 1-6　央视中国公开课网

2. 搜索课程并播放

在打开的网页搜索栏中，输入"高中数学"后单击"搜索"按钮，在打开的央视网络公开课搜索页中选择其中的课程，如图1-7所示。

» 图1-7 央视网络公开课搜索页

单击想要观看的视频，打开公开课视频播放窗口，如图1-8所示，单击"全屏"按钮，可以全屏观看视频。

» 图1-8 公开课视频播放窗口

3. 播放参数设置

单击"设置"按钮，即可弹出视频参数设置对话框，如图1-9所示，在这里可以对视频的色彩、画面及播放进行设置。

》图1-9 视频参数设置对话框

4．注册简单学习网的会员并登录

在浏览器地址栏中输入"http://www.jd100.com/"，即可打开简单学习网，如图1-10所示。在页面上方单击"注册"按钮，弹出注册会员对话框，填写相关信息后单击"注册"按钮即可完成注册并自动登录。

》图1-10 简单学习网

5．浏览并观看课程

在打开的网页中，在页面上方选择相应课程。在打开的初中课程页面中选择"难度"和"科目"，页面下方就会出现相应的教学视频，如图1-11所示。

单击想要观看的视频《初二文言文同步基础课程（人教版）》中的《陋室铭》，进入视频窗口，如图1-12所示，此时若想观看视频，须在计算机上安装"简单学习网播放器"。

》 图 1-11 　初二课堂视频窗口

》 图 1-12 　具体科目视频窗口

 网络课堂

1. 微课——新型的教学模式和学习方式

微课是指按照新课程标准及教学实践要求，以多媒体资源为主要载体，记录教师在课堂内外教育教学过程中围绕某个知识点（重点、难点、疑点）或教学环节开展的精彩教与学活动的全过程。

为深入贯彻落实《教育信息化十年发展规划（2011—2020 年）》，扎实推进信息技术与教育的深度融合，探索微课在课堂教与学创新应用中的有效模式和方法，挖掘和推广各地区的典型案例和先进经验，推动教育信息技术创新应用和促进教育均衡发展，教育部教育管理信息中心定于 2014 年 9 月 1 日至 2017 年 8 月 31 日开展"基于微课的翻转课堂教学模式创新应用研究"的课题，由中国教育发展战略学会教育信息化专业委员会承担具体研究组织工作。

"微课"的核心组成内容是课堂教学视频（课例片段），同时还包含与该教学主题相关的教学设计、素材课件、教学反思、练习测试及学生反馈、教师点评等辅助性教学资源，它们以一定的组织关系和呈现方式共同"营造"了一个半结构化、主题式的资源单元应用"小环境"。因此，"微课"既有别于传统单一资源类型的教学课例、教学课件、教学设计、教学反思等教学资源，又是在其基础上继承和发展起来的一种新型教学资源。

微课只讲授一两个知识点，没有复杂的课程体系，也没有众多的教学目标与教学对象，看似没有系统性和全面性，许多人称之为"碎片化"。但是微课是针对特定的目标人群、传递特定的知识内容的，一个微课自身仍然需要系统性，一组微课所表达的知识仍然需要全面性。

在网络 Web 2.0 时代，随着信息与通信技术的快速发展，与当前广泛应用的众多社会性工具软件（如博客、微博、Facebook、Youku、Tudou 等）一样，微课也将具有十分广阔的教育应用前景。对教师而言，微课将革新传统的教学与教研方式，突破教师传统的听评课模式，教师的电子备课、课堂教学和课后反思的资源应用将更具有针对性和实效性，基于微课资源库的校本研修、区域网络教研将大有作为，并成为教师专业成长的重要途径之一。对于学生而言，微课能更好地满足学生对不同学科知识点的个性化学习、按需选择学习，既可查缺补漏，又能强化巩固知识，是传统课堂学习的一种重要补充和拓展资源。特别是随着手持移动数码产品和无线网络的普及，基于微课的移动学习、远程学习、在线学习、"泛在学习"将会越来越普及，微课必将成为一种新型的教学模式和学习方式。微课更是一种可以让学生自主学习，进行探究性学习的平台。

2. 翻转课堂改变灌输教育

翻转课堂（Flipped Classroom 或 Inverted Classroom）也称颠倒课堂、颠倒教室，是指学生在家里观看教师事先录制好的或是从网上下载的讲课视频以及拓展学习材料，而课堂时间则用来解答学生问题、订正学生作业，帮助学生进一步掌握运用所学的知识。

传统教学过程通常包括知识传授和知识内化两个阶段。知识传授是通过教师在课堂中的讲授完成的，知识内化则需要学生在课后通过作业、操作或者实践来完成。而在翻转课堂上，这种教学方法受到了颠覆，知识传授通过信息技术的辅助在课前完成，知识内化则在课堂中经教师的帮助与学生的协助而完成。翻转课堂的实验主要是为了更好地构建生本课堂，改变以往教师主导的课堂，让其真正成为"孩子的课堂"。

大规模慕课（公开在线课程）资源开发和翻转课堂的实施，将革命性地改变"面授+粉笔"的传统教学模式，在提高教师的备课水平、把握重难点的水平、推进应用现代化教育技术的同

时，也改变了学生的学习模式，建立起真正意义的生本课堂，深入破解校际均衡发展的难题。

济南历下区教育局带领专家组在推进翻转课堂的实践过程中，有很多触动。其中，让他们印象深刻的是教师的专业化发展，这是翻转课堂带来的意外收获。翻转课堂在改变课堂、学生的同时，也在颠覆着教师们的工作方式。

历下区教育局提出了两个概念，即"知识图谱"和"思维导图"。以往上课教师只需要备好一节或者一章的内容就轻松应对课堂的教学任务，但是在翻转课堂上，学生需要学习的内容被压缩了，思路也打开了，前后的学习内容连接更紧密了，这时仅仅备一两节是完全不够的。"教师需要在脑中建立起整个学段的知识图谱，弄清楚知识点之间的内在联系和架构。"康玉平说，"教师要从教师'教'的角度转向学生'学'的角度，在微视频制作过程中，要站在学生的角度，考虑到学生的理解能力和思维能力，把握好高度、难度和深度，建立起教学的思维导图，准确地向孩子们传达知识"。

以往用40分钟讲解的知识集中到10分钟的视频里，如何在这短短的10分钟讲清楚一堂课的难点，并且足够引起孩子们的兴趣，让知识更加生活化、故事化、趣味化，在轻松的氛围中完成知识固化，这都是教师们要解决的问题。

3. 慕课——新型的网络学习模式

慕课是英文MOOCs的中文名，本意是"大规模的网络开放课程"（Massive Open Online Course）。近来，它引起无数大学生和年轻白领的关注，成为他们汲取知识、拓宽视野的重要方式。

在美国，一个慕课课程在预定的时间开始，学生们通常需要提前了解课程安排。课程开始后，教授定期地发布授课视频，为了方便学习，很多视频常常比较短小。视频中会有即时的测验，课后则安排要求完成的阅读和作业，作业通常有截止日期。课程通常有期中和期末考试，学生们被要求遵守Honor Code（北美校园通行的诚信守则）诚信而独立地完成考试。结课后，完成度良好的学生虽然不能得到该学校的任何文凭，但是可以得到某种证书，Coursera（全"慕课平台供应商中最具影响力的"三巨头"之一"）甚至会给优秀的学生提供特别的证书。

由于国内高等教育资源的分配相对不合理，优质大学多集中在北京、上海等一些中心城市。但其他地区的年轻人对于知识也有相当强烈的需求，借助于互联网的公开课就成为"中国式慕课"，如图1-13所示为MOOC中国慕课网。

相较于国内的公开课，国外公开课的讲授和学习方式常常能够让学员们体味到不同文化之间思考问题的差异。中国的教育非常强调内容的系统性，更偏向知识的传承；西方则更重视学生的自主能力，更偏向师生之间的交流。讲课既是一门学问，也是一门艺术，并不是学术水平高的教师都能把课讲得很有意思。中国的大部分大学在设计公开课的时候，较少考虑教师的授课技能和传播效果问题。

» 图1-13　MOOC中国慕课网

　　慕课也有许多需要改进之处。例如，在课堂上，如果遇到问题，可以向教师提问，直接互动交流，而慕课虽然能帮助我们获取知识，却无法形成思想的碰撞。人的学习行为不应当是孤独的、内敛的，而应当随时随地与他人产生思想的碰撞。至少就目前来看，慕课无法实现真正意义上的交互性。即使有朝一日实现了，恐怕也不能完全营造面对面交流的信任感和亲密感。大学课堂不仅能够带给师生直接交流的快感，而且教授们讲的事实和知识都更符合中国社会的现实。毕竟解决中国社会的种种问题，还是要以中国人的心理、社会文化习俗为落脚点。

 **相关链接**

微课网和慕课网

1. 微课网

　　微课网（http://www.vko.cn）是北京微课创景教育科技公司旗下的一家 ESNS 网站，国内权威的专业化中学生学习网站。它以全新的分享学习理念为引导，由京城顶级名师独家倾力奉献丰富的微缩精品课程，以全新视角解读新高考、新中考，20 分钟轻松打通一个盲点，全面构建多层次初、高中学科知识体系，采用国际领先的视频流媒体技术实现学生高清视频视听体验，通过 ESNS 系统精确整合微课、检测、疑难问答多个学习环节，真正实现了全国顶级名师的个性化高效指导，帮助无数中国孩子实现学习的跨越式进步。微课网首页如图1-14所示。

2. 微课掌上通

　　在"互联网+"时代，微课掌上通（http://wk.wanpeng.com/）将成为一种工作学习方式，正在帮助学校和机构建立便捷的移动互联网工作方式，提升沟通办公效率，让工作更简单、高效、便捷。微课掌上通为家校沟通量身打造的功能包括：班级圈通知、在线布置作业、在线统计查看作业、学习圈分享、文档上传、视频发布、公众号、成绩单、考勤、群聊、私聊、通讯录等。拥有一款软件就能满足教师日常所需的功能，教师可以直接布置作业、分享学生们的课堂表现、发送通知。家长可以随时随地看到孩子的在校情况，接收学校通知、作业、考勤等信息。截至 2016 年 1 月，微课掌上通的注册用户量已超过 540 万，浙江、广东、山东、上海等一批省市都已经选择微课掌上通，后续黑龙江、江苏、江西、广西等更多地区也正在部署微课掌上通平台。微课掌上通首页如图 1-15 所示。

≫ 图 1-14　微课网首页

≫ 图 1-15　微课掌上通首页

3．网易公开课

2010 年 11 月 1 日，中国领先的门户网站网易（http://open.163.com/）推出"全球名校视频公开课项目"，首批 1200 集课程上线，其中有 200 多集配有中文字幕。用户可以在线免费观看来自哈佛大学等世界级以及国内名校的公开课课程。首批上线的公开课视频来自哈佛大学、牛津大学、耶鲁大学等世界知名学府，内容涵盖人文、社会、艺术、金融等领域，其中有 200 多集配有中文字幕。

网易首批上线了 20 门国内大学课程，覆盖信息技术、文化、建筑、心理、文学和历史等不同学科，这些课程分别来自北京大学、清华大学等十余所国内著名的高等院校。首批上线的课程主讲者中不乏国内名家，如我国著名的信息系统专家、两院院士、北京理工大学的王越教授，世博会中国馆设计者、中国工程院院士、华南理工大学的教授何镜堂，首届国家级教学名师奖获得者、吉林大学的教授孙正聿等知名学者。同时也包含一些中国传统文化的课程，如北京大学历史系阎步克教授、邓小南教授的《中国古代政治与文化》、北京师范大学于丹教授的《千古明月》等内容。网易公开课首页如图1-6所示。

》图1-16　网易公开课首页

4．中国教育在线

作为中国最大的综合教育门户网站，中国教育在线（http://www.eol.cn/）以满足各类教育需求为主，发布各类权威的招考、就业、辅导信息，已经成为当代学生和家长获取教育信息、了解校园动态的最佳途径。中国教育在线首页如图1-17所示。

中国教育在线由赛尔网络有限公司建设管理。赛尔网络有限公司是依托中国教育和科研计算机网（CERNET）组建的计算机互联网企业。受教育部委托，全面负责管理和运营中国最大的计算机互联网之一——中国教育和科研计算机网。

》图1-17　中国教育在线首页

 **手机在线**

用手机学成语——成语学游

手机学成语软件——成语学游，可以到历趣网（http://www.liqucn.com/）下载。成语学游，轻松游戏，快乐学习，是我们学习成语的小助手！

（1）软件截图，如图 1-18 所示。

》图 1-18　成语学游手机版界面

（2）功能特色。

● 学一学：轻松测试，贴心解析，阅读典故，放松心情，品味好故事。

● 玩一玩：成语接龙，精彩排排看。在学习中游戏，在游戏中学习，不同模式，多重挑战，分享积分，超越自我。

 文明上网小贴士

慕课能否取代学校课堂

席卷全球高校的慕课，已开始向中小学领域渗透。在上海，这样的影响已经变得越来越显现，但相对于传统的授课方式，目前的冲击力还极为有限。究竟是传统的应试教育太根深蒂固，还是慕课本身就缺乏在基础教育生根的土壤？最近，这样的争议正在教育界内外引发一场讨论。

1. 挺慕——在线学习效率高

首先，慕课能使学生远离家教，学生只需坐在家里，通过网络就能及时解决学习问题，而且是免费的。其次，慕课能促进基础教育的均衡与公平，因为它是由优质学校的优秀教师在上课，师资绝对有保障，供学生自主选择。最重要的是，通过慕课的手段，改变了传统教学模式，将学生在线学习与学校学习结合起来，提升了学习效率。

2. 慎慕——师生交流不可废

首先，高等教育的对象是成人，基础教育的对象基本上是未成年人，对于网络学习的自主性和生理、心理方面的影响有很大不同。其次，高等教育的课程大多数是专业类课程，专注于相关知识的传授，而基础教育除了基础知识传授，还有态度、情感、价值观方面的要求，这一点慕课是无法实现的。再则，高等教育的学生是经过选拔的，学习能力相对较好，而基础教育学生的差异极大，教师的高水平更体现在对不同学习能力学生的把握上，这个差异看上去无关紧要，却是非常根本的问题。

从现在的慕课现状来看，将大量的知识放在课外通过网络来自主学习，是有悖教育伦理的，在课程标准高度统一和考试模式极其单一的情况下，让学生大量利用课外时间学习，势必会加重学生的课业负担。

3. 折中——优质课也需辅导

2011年兴起于美国的翻转课堂或许更适合基础教育。所谓翻转课堂，就是让学生先观看视频中教师的讲解，把课堂的时间节省出来进行面对面的讨论和作业的辅导。它的好处有3个：一是学生可以按照自己的学习习惯来安排学习进度；二是通过网络及时反馈，教师可以了解到学习困难生的问题所在，能够做出更有针对性的辅导；三是课堂上师生互动交流的时间大大增加。例如，我们可以把本校或其他学校最优秀教师的课录下来，让平行班的同学一起学习。当然，原来的授课教师很可能从课程主讲'降'为辅导、答疑、作业评价的角色，但对学生来说，则是充分享有了优质的教育。

4. 提示——对教师要求更高

本土化慕课的途径之一，就是要设置进阶作业和小测验，通过学生在慕课平台上完成的主客观作业，收集信息后，通过大数据的分析，把学生存在的问题反馈给实体课堂上的教师。教师在走进课堂前，首先要查看学生在慕课上的学习有什么困难和疑惑，然后有针对性地给予指导。学生在家学了知识以后，在学校并不是没有任务了，相反，要求更高了。学校更重要的任务是引导学生进行探究，组织师生和生生交流研讨。

推进慕课有3个策略：一是以高中阶段的学生为主要对象，因为这个阶段的学生已经有一定的自主性和选择能力，可以让优秀高中成立联盟，开发高中阶段各学科重点、难点部分的微课程，并建设作业和辅导的慕课平台，为学生提供个性化的学习支撑；二是构建覆盖从小学到高中的全体系专题教育慕课平台，这个平台可以通过向全社会和各基层学校征集成熟的专题教育微课程来完成，供学生自主选择学习，通过后给予相关专题的学习证书；三是以外语学科为突破口，采用全新的慕课模式，实现从哑巴外语到以听说为主的外语学习转型，目前这项技术已经成熟。

再次，每天都要回顾，及时补救。一个人要埋头赶路，也要抬头看天，还要回头看走过的路。回头看看，检查自己的任务完成情况。及时小结，复习巩固。日知其所无，月无忘其所能。在温故中将知识牢固掌握，更在温故中知新，融会贯通便多了收获。

养成"今日事今日毕"的习惯对学业大有好处，对性格、生活等方面也有着重要的影响。一个能做到"今日事今日毕"的人，一定有着坚强的意志、顽强的毅力、直面挫折的耐力和战胜困难的勇气。这样的人，怎么会不越来越优秀呢？

人生贵在坚持，当你跋涉千山万水时，当你历尽挫折磨难时，蓦然回首，你会发现一切都是那么得微不足道，一切是那么得多姿多彩，这难道不是人生的一笔财富吗？

 思考与讨论

1. 总结我们在学习过程中的"偷懒行为"，以及带来的"损失"。
2. 注册一个适合自己学习的网络学校，过一把"听名师讲课"的学习瘾。
3. 小组讨论：你最欣赏哪一个网站的名师公开课？说出它的优点。

体验 2　在线测试，提炼方法

任务 1　构建习题云平台，实现云共享

任务描述

习题是学生学习知识的桥梁、学习方法的探究，好的解题方法能起到贯通知识、归纳方法、熟练技能、培养能力和发展思维等作用。因此，课堂之外适量的习题对于巩固课堂的知识点是必不可少的环节，中学生习题网让我们在茫茫的网络上尽快搜索到需要的习题，省却了网上漫无边际的繁重搜索，尽情地享受网络带给我们的无限快感。

任务解析

1. 注册中学生习题网的会员

在浏览器地址栏中输入"http://www.sosoti.com/"，即可打开中学生习题网，如图 2-1 所

示。单击"注册"按钮，弹出注册会员对话框，如图2-2所示，填写相关信息后单击"注册"按钮即可完成注册。

>> 图2-1　中学生习题网

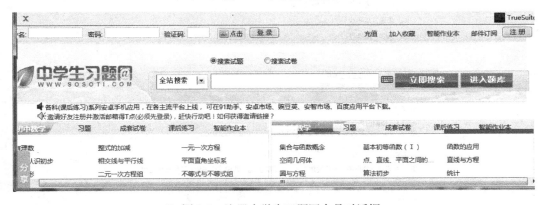

>> 图2-2　注册中学生习题网会员对话框

2. 登录、搜索并收藏重点题

（1）在打开的网页中，在用户登录处输入用户名和密码，单击"登录"按钮，即可登录到自己的账户，在搜索页面的"全站搜索"下拉列表中选择习题的范围，在搜索内容部分输入具体的题目类型，选中"搜索试题"单选按钮，如图2-3所示；单击"立即搜索"按钮，打开搜索习题结果窗口，可以看到所有相关内容的各种习题。

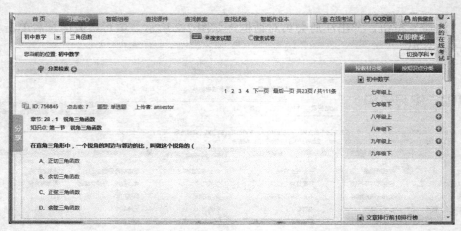

» 图 2-3　习题网搜索指定范围习题

（2）单击"分类检索"按钮，展开习题类别，选择"单选题"选项，则显示出的试题均为单选题。查找自己感兴趣的重点题。

（3）单击"查看试题详细"按钮，打开如图 2-4 所示的试题详细解答窗口，在这里可以看到关于该题的提示、详解和答案。

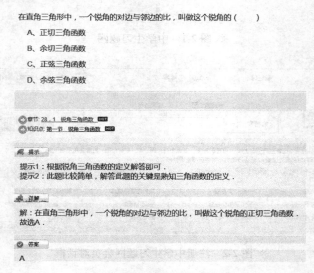

» 图 2-4　试题的详细解答

（4）如果觉得该题很好，可以单击"收藏到 我的题集"按钮，则该题已加入自己的题本，便于今后反复学习。

3．查找试卷

在首页单击"进入题库"按钮，打开习题库窗口，在"全站搜索"下拉列表中选择习题的范围（如"初中数学"），选中"所搜试卷"单选按钮，单击"立即搜索"后打开搜索习题结果窗口，单击试卷后面的"在线阅读"超链接，打开试卷浏览窗口，如图 2-5 所示，我们可以看到系列试卷，如果下载，则需要支付一定"费用"。

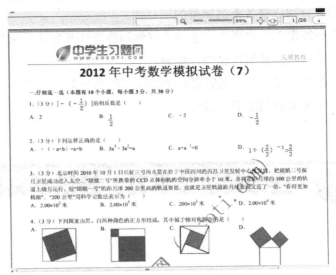

※ 图 2-5　浏览试卷窗口

4. 为自己量身定做试卷

（1）在习题主页面中选择"智能组卷"标签，打开智能组卷主页面，如图 2-6 所示。

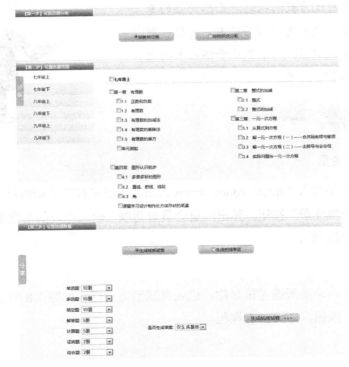

※ 图 2-6　智能组卷主页面

（2）在"【第一步】设置选题分类："选项组中，选中"按知识点分类"单选按钮，在"【第二步】设置选题范围:"选项组中,勾选需要测试的内容,在"【第三步】设置选题数量:"选项组中,通过下拉列表分别选择各不同题型的题目数。

(3)在"是否生成答案"下拉列表中选择"试卷和答案分开显示"选项,选中"生成纸质试卷"单选按钮后,单击"生成纸质试卷"按钮。

(4)此时弹出"花费"对话框,提醒我们生成试卷的题目数以及需要扣除的费用,浏览后单击"确定"按钮即可生成我们想要的试卷。

任务2　全球网校助学习,轻松学习每一天

任务描述

每个人在学习中根据自己的实际情况对习题学习的要求不同,环球网校为我们找到自己感兴趣的专业学习打开了一扇窗,我们可以学习工程、外语、财会、经贸、医疗卫生、学历、国家职业资格七大类近百个考试项目的网络辅导课程。

任务解析

1. 环球网校的会员

在浏览器地址栏中输入"http:// eduol.soxsok.com /",即可打开环球网校,如图2-7所示。单击首页右侧的"免费注册"按钮,弹出注册会员对话框,输入相应的信息及设置密码后单击"注册"按钮即可完成注册。

2. 课程试听

在环球网校首页,单击所选考试名称,进入考试频道页面,如图2-8所示,单击相应课程旁边的"免费试听"按钮,即可试听课程。

>> 图 2-7 环球网校首页

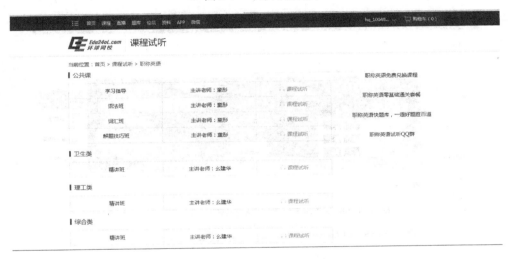

>> 图 2-8 环球网校课程试听页面

3. 课程观看

单击网页右上方的"登录"按钮，输入账号、密码，选择网页左侧的"录播课"选项，观看录播班次；选择网页左侧的"直播课"选项，按照直播时间参加直播学习，如图 2-9 所示。

4. 课程下载

在环球网校首页，单击网页右上方的"登录"按钮，输入账号、密码，单击网页右侧的"下载 PC 版"按钮，下载"环球课堂"软件，如图 2-10 所示。安装后输入账号、密码，单击"下载课件"按钮，下载完成。

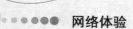
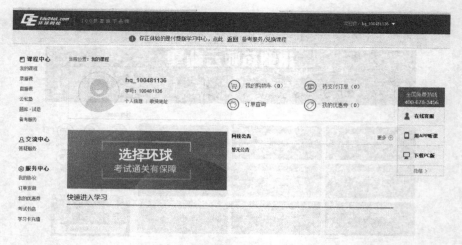

>> 图 2-9 环球网校课程观看页面

>> 图 2-10 环球网校课程下载页面

5. 题库使用

在环球网校首页，单击网页右上方的"登录"按钮，输入账号、密码，选择网页左侧的"题库·试卷"选项，选择科目名称，单击"网页做题"按钮，即可开始做题。但是需要用户付费购买课程。

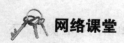
网络课堂

网络考试——新型的考试方式

网络考试是指通过局域网或者互联网，并利用计算机进行考试的行为，网络考试和在线考试以及网上考试的概念都是一致的。这是随着计算机技术的普及而开始的新兴事务。网络考试

必须具有自动出卷、题库管理、自动评分、手动评分、成绩管理等功能。

　　网络考试是指通过操作计算机在网络上进行考试整个过程的一种考试形式，脱离了纸质媒体，也可以说成通过网络媒体进行的考试。在线考试是校园网开发的一款包含覆盖计算机等级考试、大学英语考试、研究生入学考试、职业类考试、财务类考试、工程类考试、外贸类考试、专升本、公务员考试等在内的各种无纸化考试系统。在考试完成之后可以进行自动评分等操作，还可以获得一张最终的成绩单，可以发送到邮箱保存，也可以在线打印。同时，最终自动评分的分数超过自动评分总分的80%，可以得到50个校园豆。在线考试学习系统是取代传统考试的应用型软件，完全实现计算机自动化。传统考试从出题、组卷、印刷，到试卷的分发、答题、收卷，再到判卷、公布成绩、统计分析考试结果整个过程都需要人工参与，周期长，工作量大，容易出错，还要有适当的保密工作，使得整个学习考试成本较大。在线考试学习系统可以完全实现无纸化、网络化、自动化的计算机在线学习考试，对单位的信息化建设具有深远的现实意义和实用价值。

　　无纸化考试也是网络考试的一种，能够更加有效地确保考试的客观性、公正性、实时性，具有提高管理工作效率、节约考试资源、规范考试管理、方便考生应考等传统考试不可替代的优势，是贯彻落实科学发展观，积极构建节约型政府的有力举措，是资格考试发展的必然趋势。由于需要利用计算机考场组织无纸化考试，可能导致从业资格考试前期成本增加。

　　网络考试的主要特点如下。

　　（1）通用性、可操作性强。无纸化网络考试系统运行在局域网络环境中。系统包括题库建设模块、考试服务器模块、考生客户端模块和试题抽取模块等主要子系统，实现了网络化、无纸化考核的功能。系统具有很强的可操作性和通用性。

　　（2）缩短组考周期，便于大规模实时考试。由于网络技术的普及，许多教育机构都有自己的局域网系统，在局域网系统下进行无纸化考试，可以充分优化资源，提高效率。报名结束后将考生数据导入考试系统即可实现考试。

　　（3）客观公正的考试体系。客观公正是任何一个考试评价体系所追求的目标。无纸化考试在这方面可以很好地体现客观公正。在计算机网络技术的支撑下，高效的标准化考试体系将更加有利于评价的客观与公正。由于是计算机系统自动评卷，速度快且准确性高，基本上避免了人工评卷的误差。

**相关链接**

在线习题与测试网

1. 国家普通话水平测试模拟测试及在线学习平台——畅言网

畅言网（http://www.isay365.com/）集成的普通话智能评测技术是迄今唯一获得国家语委鉴

定的技术。通过使用该软件，可以进行：在线模拟测试，只需要花费 10 分钟左右的时间，就可以体验上海、安徽等省市正在使用的"国家普通话水平智能测试系统"，了解自己目前的普通话等级水平，同时还可以获得系统提供的测试诊断报告，了解自己普通话发音中存在的主要问题；针对性学习训练，系统根据你的模拟测试结果，为你提供量身定制的单字、词语、文章等学习语料，你可以进行针对性学习训练，快速提高自己的普通话口语水平。在学习的过程中，系统将自动对你的发音进行测评，让你随时掌握自己的学习效果。

2. 驾考在线模拟考试系统——驾驶员考试网

驾驶员考试网（http://www.jsyks.com/）主要为广大学车朋友服务，免费为学车考驾照的朋友提供交规考试（科目一）及安全文明驾驶理论（科目四）学习的在线模拟服务。

驾驶员考试网为帮助广大学车朋友顺利通关考试并获取驾照，无论是在科目一还是科目四（安全文明驾驶常识考试）中，都设有章节练习、顺序练习、随机练习、强化练习、专项练习、仿真考试、错题集以及错题集顺序或错题集随机练习功能，更专业、更整洁、更方便地使各位学车朋友从中掌握驾驶员理论考试试题，熟悉题型，同时还可以通过驾驶员考试网的题吧参与试题讨论，轻松、快捷地让各位学车朋友免费得到学车理论考试试题服务，使其做到考前有底，顺利通过驾驶员考试，获取驾照。

3. 金钥匙学校

金钥匙学校（http://www.jin14.com/）是由我国著名数学特级教师、政府特殊津贴获得者王建民先生领衔创立的。它是一所覆盖幼儿、小学、初中、高中的多元化、综合性的大型课外培训机构，为社会培养了大量品学兼优、成绩突出的优秀中小学生，也已成为中国基础素质教育培训领域的知名品牌。

4. 学习方法网

学习方法网（http://www.xxff100.com）是专业为中小学生提供学习方法指导的网站，内容包括高中学习方法及各学科学习方法、初中学习方法及各学科学习方法、中高考学习方法、名师指导、家长督导、中高考状元访谈等，其目标是让学习变得更简单。

5. 我学网

我学网（http://www.5xuewang.com/，原开复学生网）"智慧宝藏"是整个网站的知识库，用于站友的"自助"，有疑惑的站友能在这里找到帮助自己成长的资料，包括开复和专家与站友的精彩问答；有激励、借鉴意义的精彩文章。

如何提高学习效率呢？学习必须讲究方法，而改进学习方法的本质目的，就是提高学习效率。学习效率的高低，是一个学生综合学习能力的体现。

学习能力是多方面的，它包括注意力、观察力、思考力、应用力、自觉力、记忆力、想象力、创造力等，我学网主要全面针对解析中学各科的学习方法。可想而知，一个人若连课都听

不懂，要想提高学习能力和学习成绩则无从谈起。所以，要提高学习能力，必须以听课为重，提高听课水平，在预习和上课阶段，让你的学习潜力得到最大限度的发挥，然后利用复习，将学习的要点加以深入思考和整理，以提高应用能力，从而由征服一门学科到征服所有不擅长的学科，全面提高学习成绩。

 手机在线

百度翻译——掌上翻译专家

百度翻译移动版是一款免费的集翻译、词典、情景例句于一身的翻译应用。手机安装百度翻译之后，会在桌面上出现快捷图标 ，单击该图标即可打开。

（1）离线翻译：不需要联网即可进行翻译，享受随时随地的翻译服务。

可以不用担心网络和流量的问题。只需下载"离线翻译包"中的资源，即可在离线状态进行翻译,有效节省流量，同时大大提高翻译速度。当出国旅游时，无须购买当地手机卡，只需打开手机上的百度翻译 App 使用离线翻译功能，就可以获得高质量的翻译结果。百度离线翻译的界面如图 2-11 所示。

》 图 2-11　百度离线翻译的界面

（2）语音录入：提供语音录入查询，只需说出即可进行查询。

在与外国朋友聊天或者在国外旅游问路时，直接对着手机说话百度翻译 App 就能将其所说的话翻译成目标语言，并通过手机朗读出来，达到"同声翻译"的效果，如图 2-12 所示。

在百度翻译 App 中，还内置同声翻译功能，当观看一些原声的国外电影时，只需要单击界面上的麦克风按钮，同时将音量调大一些，百度翻译就能将对白翻译成中文。当字幕出现明显的翻译漏洞时，还可以利用它避开这些"陷阱"，让观影效果更好。

※ 图 2-12　百度语音录入翻译

（3）情景例句：常用场景的实用双语例句，是您生活、旅游、学习不可或缺的最佳助手，如图 2-13 所示。

在百度翻译 App 中还有"情景例句"模块，里面包括"问候""交通""购物""景点""酒店""餐厅"等 12 个常用场景，场景包含出国旅游时可能遇到的各种情形表达。手机下载语音包后不联网也可以发音，解决了不会英语表达的尴尬。同时，"情景例句"模块还配有搜索功能，只需输入关键字，即可搜出包含关键字表达的情景例句，可以作为出国旅行的电子应急手册。

※ 图 2-13　百度情景例句

（4）摄像头录入：拍照翻译、取词翻译，两种摄像头模式供用户选择，无须键盘输入也能翻译。

摄像头翻译目前支持取词翻译和拍照翻译两种模式。取词翻译功能对学生来说尤为实用。在阅读英语报刊、书籍时，只需用摄像头对准要查询的英文单词，就能展示出该词的释义，达

到实时翻译。拍照翻译支持中文、英文的识别和翻译。拍照选词的方式颇为新颖，进行拍照之后，手动把需要翻译的词语圈出来即可，保证了准确率，同时取词操作也更直观。在操作失误时，还可以重新圈选或重新拍照，如图 2-14 所示。

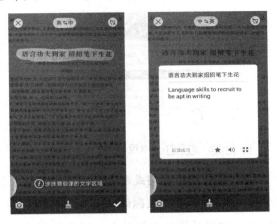

》 图 2-14　百度摄像头录入翻译

在境外消费时经常遇到一个尴尬的问题，就是餐厅点餐。除了几个世界著名的旅游城市外，大多数国外餐厅并不会提供中文菜单。由于餐饮里的词汇属于专有名词，所以即便英文能力不错的国人在点餐时也处于茫然状态，经常出现点了多份主食或者甜品的情况，成为外国人眼里的笑料。此时我们可以在界面里单击一个照相机按钮，并在打开的界面中选择"拍照翻译"，接着拍下菜单，最后用手指在屏幕上圈出你想要翻译的部分，百度翻译 App 就能为你提供答案。

（5）跨软件翻译：百度翻译后台运行时，在其他软件中选中并复制文字，即可便捷获得翻译结果。

具体操作步骤如下。

● 单击"设置"按钮，选择"跨软件翻译"选项，使百度翻译进入跨软件翻译状态，如图 2-15 所示。

》 图 2-15　设置跨软件翻译

●●●●●●● **网络体验**

- 按"HOME"键，使百度翻译保持后台运行，如图 2-16 所示。

》 图 2-16 百度跨软件翻译

- 打开其他 App，长按想要查询的单词或句子，选择"复制"选项。
- 通知栏中将显示翻译结果，单击进入翻译 App 的详情页。
- 如果选择"复制"选项按钮后没有翻译结果，则再次打开百度翻译 App，尝试重新开启该功能。

 文明上网小贴士

百度代替不了读书

在 2013 年的"世界读书日"，北京电视台《书香北京》推出 50 分钟特别节目，著名华人作家严歌苓，北京大学教授、著名美学家叶朗，新华通讯社前任总编辑南振中和三联《生活》周刊主编朱伟共同讲述读书之道。严歌苓说，不要自己骗自己，做一个一分钟的学问家，"百度搜索"不能代替读书。读书现在看来似乎是无用的，但它的作用会在很多年以后显现出来。

1. 别做"一分钟学问家"

叶朗指出，读书有两种方式，一种是浏览，一种是精读，经典著作必须精读。严歌苓强调，在这个数字时代，不要当一个一分钟的学问家，什么东西百度一查就可以了，读书和这个是完全不一样的，"一个人把书读进去，让书营养你成长，你来看世界，对待自己的人生观，这个和你一分钟学问家的读书是完全不同的。很可能你写出来的东西和你对人处事、你的快乐、你的幸福感都不一样。"

2. 别总以忙为借口

南振中则呼吁读者，不要以忙为借口，说没时间读书，真正的读书人都是大忙人。要善于化零为整，挤出碎片与缝隙的时间读书，"我发现呢，在你处理上一件事情同下一个事情之间，老有一些空隙，或者是几分钟，或者是十几分钟，甚至几十分钟，我给它起了名字，叫'缝隙

时间'。每天挤出一个小时总是可以的吧？你再忙，挤一个小时，按照作家的测算，小说一个小时可以读30~50页。掌握了这样一种办法，我想很少有人抱怨没有时间读书了。"

（资料来源：北青网）

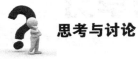
思考与讨论

1. 找一个适合自己的习题网，建立自己的智能习题本。
2. 小组讨论如何利用错题本提高我们的做题效率。
3. 谈谈你对读书的看法。

体验 3　网络资源，辅助学习

任务　娱乐、学习与特长

任务描述

　　完成课堂学习之余，我们也想学习一些专业性更强的知识和诸如音乐、美术、体育等的技艺特长。在去专业的培训学校之前，我们可以通过观看有关的视频来了解或学些皮毛。勤学网以其优质、全面的视频教程来帮我们解决这些问题。

任务解析

1. 注册勤学网的会员

（1）在浏览器地址栏中输入网址"http://www.qinxue.com/"，打开勤学网，如图 3-1 所示。

≫ 图3-1　勤学网

（2）单击"注册"按钮，打开"新用户注册"窗口，填写相关信息后，单击"立即注册"按钮，系统会提示用户选择感兴趣的课程，选择后单击"完成"按钮即可完成注册。

2. 搜索需要的学习视频

（1）在勤学网首页，选择自己想学习的专业类别和课程，进入课程介绍页面，如图3-2所示。

≫ 图3-2　勤学网课程介绍页面

（2）在介绍页面的下方单击想学习的课程章节，即可打开如图3-3所示的视频播放窗口，但是，有些课程是需要付费的。

3. 个人中心的使用

打开勤学网，用自己的账号登录，就可以进入"个人中心"页面，如图3-4所示。我们可以在"个人主页"里查看自己的学习进度；在"我的订单"里查看自己的订单、充值学习；在"学习管理"中查看"我的在线课程""我收藏的课程"和"我关注的老师"；在"学习心得"

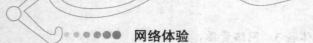

中可以查看"我的笔记""我的提问""我的帖子""我的评论"和"我的作业"。

» 图3-3 视频播放窗口

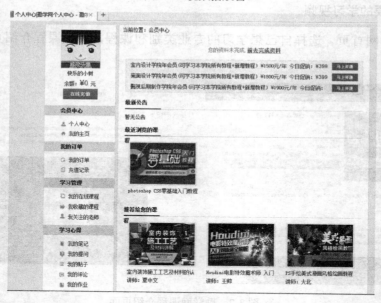

» 图3-4 勤学网"个人中心"页面

4. 记笔记

教程播放窗口的右下角有"记笔记"按钮，学习过程中遇到重点、难点，可以及时记笔记。

5. 提交作业

登录学员后台，选择"学习心得"→"我的作业"选项，如图3-5所示，就会看到当前需要你做的作业，作业内容一般是要求做一个和对应教程相关的案例作品，当你把作品做好后，

就可以单击"上传作业"按钮，把作品的源文件和成品图上传到论坛，很快就会有教师来进行点评。作业上传好之后，单击"我已经提交作业了"按钮，确认提交。

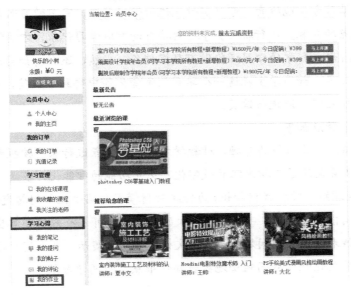

≫ 图3-5　"我的作业"页面

勤学网是职业技能高效率自学平台，致力于为学习者提供优质的在线学习服务，帮助学习者提升各方面的能力，获得更好的生活品质。目前勤学网的课程覆盖了平面设计、室内设计、影视后期、园林景观设计、机械设计这5个热门领域，汇聚了行业的精英教师。你可以自由选择感兴趣的网络课程在线学习。勤学网以创新的个性化学习体验、自由开放的交流互动环境，邀你一起来学习和分享。

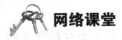 **网络课堂**

电子课本

电子课本（E-textbook）是指通过数字化、交互功能的智能化将教材内容以科学直观的视、音、图、文展现出来的，通过电子介质阅读的课本。电子课本多角度、多维度地呈现教材内容，方便学生理解和掌握教材知识，为传统教材模式向网络化教材转变提供了良好范式。此外，电子课本加入书签、笔记和标注等功能，更好地提高了学生的积极性。

电子课本与电子书不同，电子课本不是传统教材简单地扫描放置在学习网上，而是以人教社纸质主体教材为基础，对教材内容及知识点进行深度挖掘和加工，以科学直观的视、音、图、文等实现了教材内容的数字化、交互功能的智能化。小学数学电子课本，让教材在网络平台上"活"了起来，在鼠标之间与教材进行互动。

电子课本，除了真正让教材"活"起来之外，也考虑到学生个性化的学习需求，设计了实用的各种学习工具，如书签、学习笔记、标注和学习记录。其中，学习者可以在重点的页码上加入书签，供下次学习方便地检索，可以实时地记录学习笔记，写下学习心得的点点滴滴，同时还可以在疑难重点的内容上进行标注。学习网将自动生成学习记录，方便学习者查阅自己的学习进度，并为以后形成科学的学习评价做好数据储备。当然，还有诸如荧光笔、橡皮擦、调色板等的学习辅助工具。如果学生在这一个单元的免费体验中得到了收获，想购买继续学习，可以通过"购买"按钮轻松地进行购买。

电子课本的主要特点如下。

（1）以人教社纸质主体教材为基础，对教材内容及知识点进行深度挖掘和加工，以科学直观的视、音、图、文等实现了教材内容的数字化、交互功能的智能化，多角度、多维度地呈现教材内容，方便学生理解和掌握教材知识，为传统教材模式向网络化教材转变提供了良好范式。

（2）具有交互功能、多媒体、丰富性；强大的交互功能可以有效提高学生的学习兴趣，增加学生学习的自主性和积极性；问题提示、图文介绍、动画演示、真人实景示范可以帮助学生更好地理解问题和强化记忆，从而轻松地攻破知识难点，提高学习效率。

相关链接

网络特色教育

1. 中华舞蹈网

中华舞蹈网（http://www.zhwdw.com）改版前是新运体育舞蹈网，是中国极具影响力的舞蹈类门户网络之一，自创立以来，一直致力于为中国的舞蹈事业发展和为中华民族的舞蹈工作者、爱好者、舞蹈机构、舞蹈厂商提供全方位、高效率、最优秀的服务。

中华舞蹈网搭建了一个最庞大、现代化的咨讯平台，主网站设有包括十多个舞蹈种类的40多个栏目，并整合了舞蹈交友、舞蹈博客、舞蹈论坛、舞蹈网站推广等网站，所有关于舞蹈资讯的方方面面几乎应有尽有，网站有最强大的信息提交、资讯查询系统，为舞蹈界的各方面互动提供了有力保证。中华舞蹈网首页如图3-6所示。

中华舞蹈网在全国600个大中城市招聘信息联络员，发布各地舞蹈信息。热忱为各舞蹈社团、舞蹈院校、舞蹈老师学员、舞蹈培训、舞蹈选手、演员、舞蹈用品厂商、舞蹈爱好者提供以下免费服务。

免费为舞友提供各类舞蹈咨询、视频、音乐、图片供学习、浏览、欣赏。

免费为各舞蹈社、团、院、校提供包括介绍、招生、培训等方面的宣传。

免费为各舞蹈培训班（中心）舞蹈队、俱乐部、舞厅舞场进行宣传。

免费为各级舞蹈教师、教练提供宣传。

免费为舞友提供包括图片、文字的宣传。

免费提供寻找舞伴和求职招聘信息。

免费为国家、省级舞蹈大赛提供全程网络支持（包括文字、图片、视频的赛前宣传、赛中报道、赛后提供成绩、获奖者的宣传）。

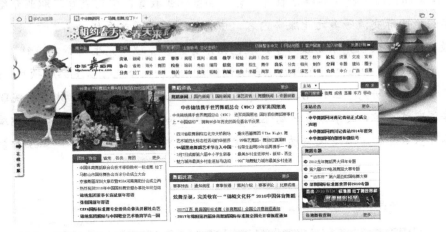

※ 图 3-6　中华舞蹈网首页

2. 中国国家美术网

中国国家美术网（http://www.c-art.org.cn/）是面向国内外书画家和书画爱好者的一个艺术类网站，为广大书画家开辟展示作品的平台和艺术交流的园地，使国内外相关收藏者、艺术爱好者能及时了解我国优秀艺术创作者的风格和艺术市场的走向，并及时捕捉国内外书画创作与收藏动态。中国国家美术网首页如图 3-7 所示。

中国国家美术网与中国美术馆、中国国家画院、国家图书馆、文化部文化市场发展中心、文化部艺术服务中心、中国收藏家协会、中国书画研究会、中国农民书画研究会、日本东亚艺术研究会、韩国国会议员书道院、韩国世界文化发展中心、韩中文化协会等众多国内外政府机构、艺术部门、企事业单位、书画艺术品经营机构、拍卖机构、专业协会、大专院校等单位有着广泛的联系与密切的合作。并且结合传统媒体，共同推广国内外具有潜力的艺术家，把艺术展览从美术馆、画廊延伸到网络上，推出鉴赏博览、典藏精品、画家在线、画廊漫步、拍卖行情、收藏鉴赏、美术院校、最新推荐等近 20 个大栏目频道，并和相关组织机构和网络媒体建立了良好的战略合作伙伴关系。为国内外书画工作者提供一个"资讯""交流""交易"的平台。

※ 图 3-7　中国国家美术网首页

3．中青体育教育网

中青体育教育网（http://www.54sports.org/）是共青团中央直属机构中国青少年发展服务中心历经 10 年时间倾心打造的品牌化教育平台。涵盖职业教育、学历教育、职业介绍、论坛举办、展会实施、国际交流等多元化服务内容。中青体育教育网首页如图 3-8 所示。

中青教育体育发展研究中心致力于开展包括体育经营管理研究生同等学历教育、国家资质认证培训、行业培训、企业内训在内的综合培训体系，发展至今包含以下品牌项目：体育 MBA 项目、北京体育大学研究生工作站、体育经纪人国家职业资格认证培训、体育系统职业指导师资格认证培训实施单位、国家体育总局体育基金管理中心退役运动员创业培训大纲编撰、国家体育总局体育基金管理中心退役运动员创业就业培训技术支持单位、体育产业经营管理人才系列培训等。

>> 图 3-8　中青体育教育网

4．中国音教网

中国教育学会音乐教育分会（CSMES）是一个涵盖高等音乐教育、中等音乐教育、基础音乐教育的全国性的音乐教育学术团体，成立于 1987 年，是中华人民共和国教育部所属的中国教育学会的分支机构，同时也是联合国教科文组织所属的国际音乐教育学会的会员。

中国音教网（http://www.csmes.org/）由行业官方平台、省际主管平台、区域服务平台、学校接收平台四部分组成，形成了国家音乐教育产业领域最为完整的信息与资源专业输送网络。CSMES 提倡开拓教育、创新教育、完善教育、发展教育，强化行业资源优势，以学校核心客户终端集结形式把各领域原有松散的商业结构加以优化与整合，在行业合作组织的框架下实现了以 CSMES 为中心的中国音乐教育商务大联盟。

※ 图3-9　中国音教网

 手机在线

591随身学

591随身学是一款完全免费且专为高中生打造的高效手机学习工具。学生们可以使用它快速查看课本题目最权威的详细解析，随时随地复习各科公式、原理和基础知识，以便自己更好地备战高考。其首页功能界面如图3-10左图所示。

591随身学软件为用户提供了语文、数学、英语、物理、化学等多个科目知识要点学习，用户可通过不同科目的教学要点为自己增加高考分数，如图3-10右图所示。每天只需要2分钟的时间即可多掌握一道题、多记忆一则公式，在高考时就有可能为自己挣得至关重要的0.5分。

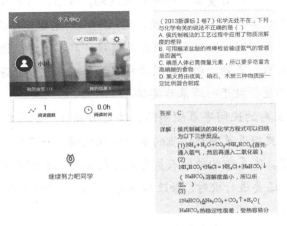

※ 图3-10　随身学首页界面

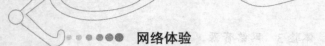
591随身学软件除了提供丰富的科目知识要点以外，还为用户提供了"我的书包"功能，该功能等同于"收藏夹"功能，通过该功能，用户可把做错的、易错的、经典的、常见的各种题目和知识统统放进个人专属收藏夹内，以便日后继续查看，如图3-11所示。

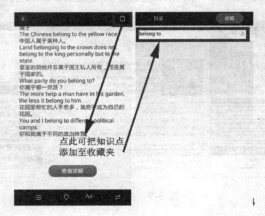

》 图3-11　随身学收藏夹功能

 文明上网小贴士

世界名校公开课："幕后英雄"的奉献与分享

"通过我的亲身经历，与您分享如何战胜困境、如何通过全新的角度看待生命，凡事感恩、有远大梦想并永不放弃。"这是很多网友熟悉的尼克·胡哲在其励志演讲开头时所讲的话。尼克·胡哲天生没有四肢，然而他勇于面对身体的残障，踢球、游泳、使用计算机……创造出很多生命奇迹。他通过视频演讲的方式鼓舞了很多人，深受青少年的喜爱。

最近一两年，观看世界名校公开课在我国广大网友中逐步普及。通过网络享受世界名校的课程，得益于一项名为"公开教育资源"的世界性运动。目前，哈佛大学、耶鲁大学、麻省理工学院、牛津大学、剑桥大学等众多世界名校，均已加入到免费传播公开课的行列。

事实上，麻省理工学院2001年就开始公开其课程，只不过由于语言的障碍，名校公开课并没有在国内大规模地走红。直到近两年，随着中文字幕版名校公开课的大批量上传，名校公开课才真正揭开面纱，而这得益于一群幕后英雄。

这些幕后英雄便是国内的民间字幕组团队，其主力成员基本集中在高校学生和在职白领中。翻译本就费心费力，更何况是制作优质的专业课程视频，一节优质的公开课需要两周左右的制作时间。拿到片源后，字幕组的技术人员首先会把英文文本制作成时间轴，然后是最重头的翻译工作。除此之外，还要进行校对、修改和润色，最后将特效和压制等后期制作全部完成，才能进行发布和分享交流。

虽然遭遇了一些盗版商剽窃成果的无良之举，但这些民间字幕组和爱好者依然在坚持着非

商业、非营利的宗旨，贯彻着他们最初的奉献、分享、交流、学习的精神，为网络文化事业的发展注入了一泓清泉，浇灌了无数网友们的知识心田。

 **警示窗**

课堂永远是关键，不要过分依赖网络

"现在有一部分学生做作业找捷径，动不动就上网搜索看有没有原题及答案，有的话就抄下来，应付了之。"近日，一所普通高中的老师告诉记者，一些学生回家后，跟父母说是老师让上网查学习资料，结果却是把网络当成了答案集，更有甚者，在学校自习时，就拿出手机上网搜索答案。

单纯上网为了找到作业答案，就去一抄了之，不仅是应付老师，也是欺骗自己。应该在平时做作业或者自主做练习题，遇到弄不懂的问题时，才求助于网络。到网上搜索一些相关类型的题目，研究一下求解的过程，再类比到自己的题目中，很多时候都能找到答案。这样做从表面上看好像是解决了一道题，实际上，在研究的过程中也研究了其他相关的题。举一反三，很可能就把一种类型的题研究透了。

1. 过分依赖网络者会成为"学习懒汉"

高中阶段注重培养学生自主学习的能力，因此，教师或多或少地会给学生布置一些课后查找资料等作业。例如，课文中的文学常识通常较简单，学生可以课前通过上网搜集等途径，获悉更多与文章及作者相关的背景资料。上课时，教师会让学生先说说自己搜集和掌握的知识，然后通过适当引导，切入主题。这种方式既让学生有了自主学习、探究和思考的过程，又有利于知识的掌握，同时对课堂教学也有帮助。再如，诗歌鉴赏是高中语文的重要内容，而这部分要想学好，就要多涉猎一些经典的内容，一些学生就通过上网找资料，来拓展自己的知识面，同时加深对教材的理解。

让学生利用网络学习没有固定的规则，也无法强求，因为有的学生习惯于利用网络，而有的人喜欢借助于词典、指导书籍等。同时，有的学生善于利用网络资源，提高自己的效率，而有的则对网络形成依赖，会成为学习上的"懒汉"，最终只会害了自己。另外，值得提醒的是，网络上有一些知识和答案是不准确的，学生在查看和学习时，应该有选择性，感到模棱两可的时候，最好请教师帮忙判断和界定。

2. 培养利用网络学习的习惯，共享信息资源

为了引导学生利用网络学习，教师可以在介绍学科知识时，给出有关的网站信息，让学生"按图索骥"。还可以进行在线测试，检查学习效果。学生通过经常上网查找学习信息，渐渐地也就熟练了在网上搜索有用知识的方法和技巧。教师可以组织学生在课余时间进行交流，共同

探讨在网络上搜索各个学科信息的技巧，共享有用的信息资源。从学生自身角度来讲，如果习惯于利用网络学习，可以与相关学科教师交流，请其推荐好的网站或资源。

 思考与讨论

1. 小组讨论：业余时间我们有哪些爱好，谈谈遇到困难时我们在哪些网站上查询并解决。
2. 你准备去考哪些音乐、美术等的等级证书？怎样在网上报名？
3. 请以所学知识为例，给你身边的音体美特长生一个良好的建议。

体验 4 拉近距离，即时通信

任务描述

王哲因父母工作调动的关系，从济南到了西藏，临走前给他的朋友李红留了一张字条："李红，我去西藏了，记得常联系，我的 QQ 号码是 199××××××××。"

任务解析

（1）登录腾讯官方网站（http://pc.qq.com），下载 QQ 安装软件，其安全系数高。下载完成后，根据向导安装即可。

（2）双击桌面上的"腾讯 QQ"程序图标，弹出 QQ 登录对话框，单击"注册账号"按钮。

（3）系统将自动启动 IE 浏览器，并进入 QQ 注册页面，依次输入相应的文本内容，输入完成后，单击"立即注册"按钮，如图 4-1 所示。

（4）进入申请成功页面，完成 QQ 号码的申请，如图 4-2 所示。

>> 图 4-1　填写申请信息　　　　　　　　　　　　　　>> 图 4-2　申请成功

（5）启动 QQ 程序，进入 QQ 界面。在 QQ 界面底部单击"查找"按钮，弹出"查找"对话框，在文本框中填写好友的 QQ 号码，找到并添加，如图 4-3 所示。

（6）弹出添加好友对话框，在"备注姓名"处可以输入好友的真实姓名，在"分组"处可以选择系统自动分配组别，便于后期好友数量增加后的管理，单击"下一步"按钮，完成查找与添加指定好友的操作，如图 4-4 所示。

>> 图 4-3　查找 QQ 好友　　　　　　　　　　　　　　>> 图 4-4　修改备注

（7）QQ 界面中，在需要聊天的 QQ 好友头像上双击，打开聊天窗口，在下方的文本区输入聊天内容，如图 4-5 所示。

（8）单击"发送"按钮，在上方的聊天窗格中，会显示发送的内容，当对方传来消息时，也会显示在上方窗格中，并伴随着"滴滴"声，如图 4-6 所示。

（9）接下来，你就可以畅通无阻地与好友交流了。

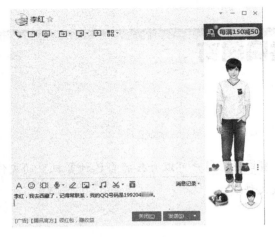

※ 图 4-5　聊天窗口 1

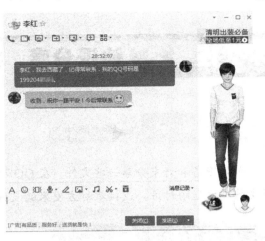

※ 图 4-6　聊天窗口 2

 **网络课堂**

即时聊天

即时聊天是指通过特定软件来和网络上的其他同类玩家就某些共同感兴趣的话题进行讨论，允许两人或多人使用网络实时地传递文字信息、文件、语音与视频交流。

最早的即时通信软件是ICQ，ICQ是英文中"I Seek You"的谐音，意思是"我找你"。腾讯公司推出的腾讯QQ迅速成为中国最大的即时消息软件。但是，即时消息软件也面临着互联互通、免费或收费问题的困扰。

盗号，就是未经账号所有者授权而用非常手段获取他人账号及密码的行为。

针对盗号者的手段，可以采取以下方式对账号进行保护。

（1）针对非技术性盗号，要求账号所有者对自己的账号要保密，不要向任何不可信的人泄漏。在网吧等公共场所使用网络账号时要注意是否有人偷窥。

（2）不要登录那些所谓的领奖网站，官方有活动时，一般会在官网上公布，不会通过私聊等方式通知玩家。

（3）去自己不熟悉的网吧要留心该网吧是否安装有键盘监控程序。此时不妨使用软键盘+键盘输入。

（4）在家中上网时要安装正版的杀毒软件和防火墙，并经常升级杀毒。还需要打开杀毒软件的实时监控功能，时刻监控计算机与外界之间的数据流。

（5）不要打开陌生人发送的文件，自己的账号莫名其妙地下线后，不要再次登录。

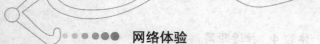

任务2 快乐分享，共同拥有

任务描述

如果准备和好友分享一些文件，在 QQ 聊天窗口中，用户可以直接将自己计算机里的文件或文件夹发送给对方，或接收对方发来的文件或文件夹。

任务解析

（1）双击 QQ 好友头像，打开聊天窗口，单击"传送文件"下拉按钮，在弹出的下拉列表中选择"发送文件/文件夹"选项，如图 4-7 所示。

（2）弹出"选择文件/文件夹"对话框，选择需要传送的文件或文件夹，单击"发送"按钮，如图 4-8 所示。

》 图4-7 发送文件

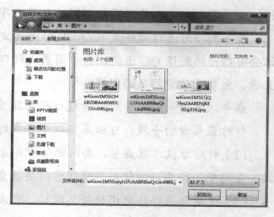

》 图4-8 选择文件

（3）弹出"传文件助手"对话框，等待对方接收文件。如果对方此时不在线，可以选择"转为离线发送"，"离线发送"后，文件会被上传到服务器，好友上线后会接收到提醒接收的消息（一般保存 7 天），如图 4-9 所示。

（4）当对方接收文件并传送完成后，会显示成功传送文件信息，如图 4-10 所示。

》图 4-9 传送文件　　　　　　　　　　　》图 4-10 发送成功

 网络课堂

腾讯 QQ 的使用技巧

1. 加速技巧

QQexternal.exe 会让 QQ 拖慢计算机,但删除 QQexternal.exe 文件会导致 QQ 无法正常启动。无法删除，但是可以替换。

替换 QQexternal.exe 的方法如下。

（1）在任务管理器里右击"QQexternal.exe"，在弹出的快捷菜单中选择"打开文件位置"命令，然后把 QQexternal.exe 命名为"QQexternal1.exe"。

（2）新建一个 TXT 文档，然后选择"文件"→"另存为"命令，选择保存类型为"所有文件"，将文件命名为"QQexternal.exe"。

2. 导出聊天记录

选择"主菜单"→"工具"→"消息管理器"命令，选择"导入"或者"导出"消息记录即可，如图 4-11 所示。

3. 导入表情、编辑表情

（1）打开一个聊天窗口，单击表情图标，单击"添加"按钮，打开如图 4-12 所示的页面，选择你想添加的表情。

（2）单击"打开"按钮，QQ 表情就成功地导入了。若想对导入的表情进行编辑，可以选择表情，右击，在弹出的快捷菜单中选择"涂鸦编辑表情"命令。

（3）在 QQ 表情涂鸦编辑器里，能随心所欲地编辑表情，编辑完成后，保存即可。

>> 图 4-11　消息导入导出

>> 图 4-12　添加表情

相关链接

其他常用的聊天软件

1. 阿里旺旺

阿里旺旺是将原先的淘宝旺旺与阿里巴巴贸易通整合在一起的新品牌，是淘宝网和阿里巴巴为商人量身定做的免费网上商务沟通软件。它能帮你轻松找客户，发布、管理商业信息；及时把握商机，随时洽谈生意。阿里旺旺如图 4-13 所示。

2. 飞信

飞信是中国移动推出的"综合通信服务"，即融合语音（IVR）、GPRS、短信等多种通信方式，覆盖 3 种不同形态（完全实时、准实时和非实时）的客户通信需求，实现互联网和移动网间的无缝通信服务。飞信不但可以免费从计算机给手机发短信，而且不受任何限制，能够随时随地与好友开始语聊，并享受超低语聊资费。飞行如图 4-14 所示。

》 图 4-13　阿里旺旺　　　　》 图 4-14　飞信

 手机在线

手机 QQ

　　QQ 手机版（手机 QQ）是由腾讯公司打造的移动互联网领航级手机应用，目前已经全面覆盖至各大手机平台，实现了更好的移动化社交、娱乐与生活体验。在新功能中，闪照、多彩气泡、原创表情、个性主题、游戏、阅读、语音、视频、附近的人……满足了不同移动场景下的沟通和分享需求。

　　（1）从 QQ 官方网站下载并安装"手机 QQ"应用，打开应用，使用已有 QQ 号码登录。

　　（2）系统自动更新消息，如果有好友在自己离线时留言，会在"消息"图标上显示红色数字提示有新消息，如图 4-15 所示；单击"消息"界面内的"+"图标，可以快速进行"创建群聊""拍摄""扫一扫""面对面快传""面对面红包"等操作，如图 4-16 所示。

》 图 4-15　"消息"界面 1　　　》 图 4-16　"消息"界面 2

（3）单击"联系人"图标，在"联系人"中可以查看"新朋友""群聊"和"公众号"，如图 4-17 所示。在"手机通讯录"中可以备份手机通讯录。

（4）单击"动态"图标，"好友动态"显示近期好友发表状态，"阅读"提供阅读电子书服务，"应用宝"提供多种手机应用的下载，如图 4-18 所示。

》 图 4-17　"联系人"界面　　　　　》 图 4-18　"动态"界面

（5）单击左上角的头像，单击"设置"按钮，此图标内可以进行个人资料的修改及安全设置，为了节省上网流量，在"消息通知"→"群消息设置"中改变群消息接收方式，如图 4-19 所示；在"账号、设备安全"中可以设置"允许手机电脑同步在线"、"手势密码锁定"对登录QQ 进行保护，如图 4-20 所示。

》 图 4-19　群消息设置　　　　　　》 图 4-20　账号设置

（6）当手机 QQ 与电脑 QQ 同时在线时，如图 4-21 所示，在"我的设备"组内显示手机登录 QQ，双击图标，可以实现不使用数据线的手机电脑文件互传。

※ 图 4-21　手机与电脑 QQ 同时在线

文明上网小贴士

聊天软件安全使用常识

（1）保证计算机系统安全，使用安全软件和杀毒软件。

（2）使用官方最新版 QQ 软件，不要使用第三方修改版本及 QQ 外挂。

（3）保证 QQ 密码复杂，牢记 QQ 密保资料，如果被盗要尽快采取措施。

（4）不浏览网上传播的不安全网站，学会甄别。

（5）不要轻信网络上的垃圾广告消息。

（6）严防中奖欺骗，了解被骗的报警手段。

（7）学习安全知识，关注 QQ 安全频道。

（8）拒绝使用外挂非法软件，以防被盗号。

（9）可以使用 QQ 电脑管家。

（10）定期更换密码，绑定手机，更多可在 QQ 安全中心设置。

（11）不要随便使用视频聊天，防止木马。

警示窗

"网恋"的危害

1. 引狼入室，存折被偷

天津某学院女大学生石某怎么也没想到，盗窃自家两张大额存单后提款的窃贼竟是两个月前在网上"一见钟情"而相识的男友。2000年7月中旬，家住河西区的无业男青年李某在网上通过花言巧语与石某相识，并交起了朋友，感情发展迅速。9月3日，李某来到石某家中游玩，趁石某熟睡之机将其房门钥匙、户口本偷走。石某丢失房门钥匙后也未在意，只是又配了一把。9月6日上午10时许，李某趁石家无人之机窜入后将一张1万元大额存单盗走，并于中午在银行用事先偷来的户口本将存款提出。11日上午，李某又以同样的手段窜至石家盗窃一张存有6000元的存单，后又到银行支取。然后用于购买手机、手表等物挥霍。17日下午，石家发现被盗后，递到派出所报案。经民警多方侦查，并在工商银行近日取款人的录像上发现了李某的身影。随后民警在掌握大量证据的情况下将李某传唤。经讯问，李某对盗窃石家存单后支取事实供认不讳。（新浪网）

2. 图财杀害女网友，武汉一大学生被判死刑

现年23岁的刘某在武汉一所高校就读。2013年4月，刘某以网名"无泪之城"开始频频上网聊天。他与网名叫"李诗诗"的女大学生熊某在网上认识后，两人聊得很投机，相约见面。熊某被刘某所吸引，对刘某产生了爱慕之心。

看到身边的一些家庭条件好的同学经常换手机，笔记本电脑、数码相机应有尽有，想到自己因家庭窘境而常为学费发愁，刘某开始沉闷起来。见了几次面后，刘某得知熊某的母亲是财会人员，认为她家一定很有钱，便产生了绑架勒索的念头。

10月19日，刘某约熊某在一家网吧见面后，谎称要带她到湖北潜江找同学借钱，熊某答应随行。当晚，在潜江市某进水闸旁河道，刘某突然从身后将毫无戒备的熊某勒昏后抛入河水中。随后，他劫取了熊某随身挎包里的手机、银行卡、钥匙等物。次日返回武汉后，刘某就开始用熊某的手机向其父母开价40万元"赎金"，并威胁"不准报警"。

警方接到报案后，10月24日晚，将正在宿舍里向熊某家人发短信讨价还价勒索钱财的刘某抓获。（新华网）

交往是青少年发展的需要。在现实生活中，青少年往往面临着"两难"：一方面，紧张的学习压力往往使得他们筋疲力尽、情感压抑；另一方面，基于生理发育的本能需求，往往又使得他们迫切需要满足友情、爱情等情感需求。但现实生活中的交往可能会给他们带来压力，而网络中的虚拟空间则会给他们以相对宽松的环境，这使许多学生有热衷和尝试"网恋"的倾向。其实，"网恋"是网络时代的一个怪胎，盲目性和随意性是其最大的特点。网恋的魅力在于网

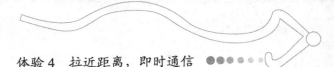
络的虚幻，凡陷入其中的学生很难分清网上"恋友"的善恶，更识不透"网恋"背后的"陷阱"，十之八九的结果是"身心俱损"。

思考与讨论

1. 网上聊天可以锻炼语言表达能力吗？

2. 网上聊天可以结识到志同道合的知音吗？

3. 网友约你去见面，你会如何选择？

体验 5　激扬青春，展现自我

任务 1　私密空间，表达情感

任务描述

闲暇之余，撰写一篇个人日志或生活记录能够使人静下心来梳理生活、酝酿感情或思索人生。

任务解析

（1）启动腾讯 QQ 软件，单击"空间"图标，即可进入个人的 QQ 空间页面，如图 5-1 所示。

（2）进入 QQ 空间页面，单击"日志"超链接，进入日志页面，单击"写日志"按钮，如图 5-2 所示，进入"写日志"页面，根据页面提示输入日志标题和内容，输入完成后，在页面的下方单击"发表"按钮。执行操作后，即可发表日志，并显示发表成功的信息。

（3）"私密日志"只有空间主人有权限书写与阅读，其他人无法看到。"生活记录"仅本人

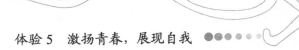

可见，发表后快速生成日志与好友分享。"记事本"可以随心记录下备忘的事情，或者在 QQ 上双击自己头像也可以方便地完成记事，记事本是一个完全私密的地方，其他人没有任何途径可以看到你发表过的记事。"好友日志"可以浏览其他好友分享的日志。

》 图 5-1　进入 QQ 空间

》 图 5-2　写日志

任务 2　留住快乐的每一瞬

任务描述

出去游玩，总会拍下不少照片，可以将这些照片上传到空间中，与好友分享。

任务解析

（1）进入 QQ 空间页面，单击"相册"超链接，进入相册页面，单击"创建相册"按钮，弹出"创建相册"对话框，输入"相册名称"、"相册描述"等，根据个人意愿设置好"访问权限"以保护个人隐私，如图 5-3 所示，单击"确定"按钮完成创建。

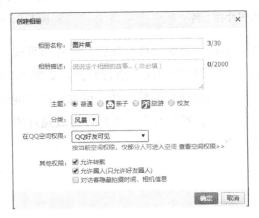

》 图 5-3　创建相册

（2）返回相册页面，单击"上传照片"按钮，如图5-4所示。

（3）进入相应的页面，单击"选择照片"按钮，在弹出的选择照片对话框中，选择要上传的"相册"，然后找到本地磁盘中的照片，选中要上传的照片，单击"确定"按钮，如图 5-5 所示，也可以按住 Ctrl 键分别单击，选中多个图片文件，进行多张图片同时上传，如图5-6所示。

》 图 5-4　QQ 相册

》 图 5-5　选择单张图片并上传

》 图 5-6　选择多张图片并上传

（4）进入上传照片页面，单击"开始上传"按钮，照片即可成功上传到空间。在成功上传的页面中，还可以对"照片名称""照片描述"进行修改，如图5-7所示。

（5）编辑完成后，如果还有其他照片需要上传，可以单击"继续上传"按钮。如果没有需要再上传的照片，单击"保存并去查看照片"按钮即可完成照片的上传，此时其他好友就可以访问你的空间并且看到你上传的照片了，如图5-8所示。

» 图 5-7　图片上传成功

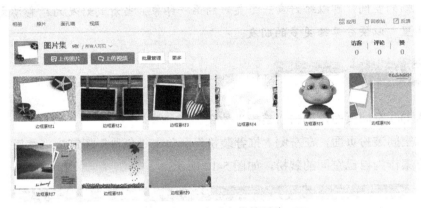

» 图 5-8　查看上传的照片

（6）如图 5-9 所示，单击"更多"按钮可以对此相册进行设置，可以将此相册的网络地址通过其他方式分享给好友；单击"批量管理"按钮可以对图片进行批量管理，可以修改排序方式。

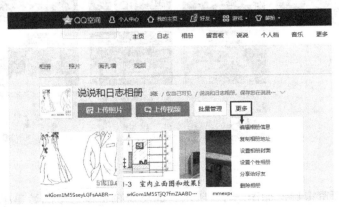

» 图 5-9　设置相册

任务3 我的地盘我做主

任务描述

很多好友在互加 QQ 好友后，第一件事就是查看对方的 QQ 空间，因此，拥有一个美观大方或是简洁流畅的空间，可以给好友一个美好的第一印象。当看到好友的精彩博文时，"转载"到自己的空间里，以便分享给更多的朋友。

任务解析

（1）进入 QQ 空间页面，单击"装扮"按钮。

（2）进入空间装扮页面，在左侧"推荐装扮"区单击"免费"超链接，然后，在右侧选择自己喜欢的方案作为自己空间的装扮，如图 5-10 所示。

》图 5-10 选择装饰方案

（3）打开一个预览窗口，如图 5-11 所示。如果对预览窗口中的效果感到满意，单击窗口上方的"保存"按钮，需要重新选择方案，单击"返回"按钮。单击"保存"按钮后，你的空间就会变得焕然一新了。

》 图 5-11　预览装饰效果

（4）如果想查看好友的空间，可以将鼠标指针指向 QQ 好友的头像，弹出菜单后，单击就打开了好友的空间。

（5）浏览好友分享的日志与照片，当看到精彩的博文时，我们可以对博文进行"赞""评论"的操作，也可以通过"转载""分享"为我所用，以便分享给更多朋友，如图 5-12 所示。

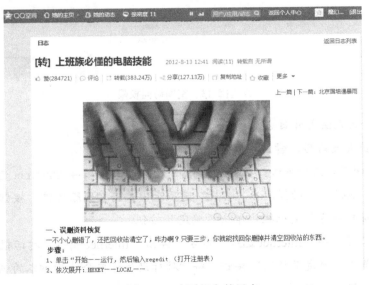

》 图 5-12　查看好友的日志

 网络课堂

QQ 空间的常见问题解决方案

问题 1：为什么我在空间发表的日志没有在 QQ 上更新？

请先检查空间是否设置了密码访问或空间密友可进，为保护个人隐私，在这两种进入权限设置下，空间的更新是不会更新到QQ上的。

如果空间设置为全公开仍然没更新，可能是当时网络繁忙导致的，建议再发表一篇进行尝试。

问题2：我的自定义被挂件（或其他）挡着了，怎么办呢？

使用快捷键"Ctrl+J"，即可进入自定义模式，就可以把挂件移开了。

问题3：将某人设置为黑名单，为何"我的空间"仍然被浏览？

被设置为黑名单的网友，只能限制其不能在空间里留言，但不能限制他浏览空间，如果空间不想让其他人看到，在设置好密友后，在"进入权限管理"中设置即可，如图5-13所示。

》 图5-13 空间访问权限

问题4：为什么无法打开日志？

先确认网络状况良好后，尝试按以下步骤解决。

- 清除IE缓存，清除方法：在IE浏览器中选择"工具"→"Internet 选项"命令，弹出 "Internet 属性"对话框，在"常规"选项卡中单击"删除文件"按钮，然后勾选"同时删除脱机内容"复选框，单击"确定"按钮。

- 选择"工具"→"Internet 选项"命令，弹出"Internet 属性"对话框，在"安全"选项卡中单击"自定义级别"按钮，将"对标记为可安全执行脚本的 ActiveX 控件执行脚本"设置为"启用"。

- 可以尝试暂时关闭相关上网助手等，再进入 QQ 空间进行访问，如果可以访问，更改上网助手设置。

 **相关链接**

名人名家博客

1．李连杰

李连杰（http://blog.sina.com.cn/lilianjie），国际功夫明星、武术家、慈善家、企业家。

1975～1980 年连续 5 年获全国武术全能冠军，1982 年主演电影《少林寺》走红，1991 年后的黄飞鸿系列作品开创了武侠电影风潮，同时塑造出方世玉、张三丰、霍元甲、陈真等经典角色，被国内外媒体誉为"功夫皇帝"。1997 年后主演多部好莱坞大片，跻身好莱坞一线动作明星。2007 年创办壹基金，成为中国第一家民办公募基金会，因全世界公益方面的贡献被联合国授予联合国护照。2008 年成为第 27 届香港电影金像奖"影帝"。2009 年以"社会企业家"名义成为中国企业家俱乐部会员，同年担任世界卫生组织亲善大使。

2．马未都

马未都（http://blog.sina.com.cn/mazhahuchuang），男，汉族，祖籍山东荣成，中国民主建国会会员，收藏专家，观复博物馆的创办人及现任馆长。曾任中国青年出版社编辑，20 世纪 80 年代开始收藏中国古代艺术品，藏品包括陶瓷、古家具、玉器、漆器、金属器等。央视《百家讲坛》主讲人。

3．郎咸平

郎咸平（http://blog.sina.com.cn/jsmedia），男，1956 年出生，博士。曾任香港中文大学讲座教授，素有"郎旋风""最敢说真话的经济学家"之称。公司治理和金融专家，主要致力于公司监管、项目融资、直接投资、企业重组、兼并与收购、破产等方面的研究。郎咸平用财务分析方法，痛陈国企改革中的国有资产流失弊病，质疑某些企业侵吞国资，并提出目前一些地方上推行的"国退民进"式的国企产权改革已步入误区。

 文明上网小贴士

明德自律，文明用语

网络是一个前所未有的平台，它赋予我们每一个人网络话语权，它为我们创造了自由交流的空间，它是我们生活的一部分。但是长期以来，网络并不是一个温馨家园，造谣生事、人身攻击、污言秽语，这些不文明的行为，伤害了我们，也在误导着我们。正因为网络自由，我们更要学会自律；正因为网络连接你我他，我们更要尊重他人。

（1）尊重他人，不侮辱谩骂。

（2）以礼待人，不污言秽语。

（3）实事求是，不造谣诽谤。

（4）提倡现代汉语，不使用方言。

（5）提倡标准汉字，不使用不规范字。

（6）提倡文明上网，不传播色情暴力信息。

 思考与讨论

1．与某些人的脾气性格不合，可以在自己的博客里发牢骚，甚至是指责、痛骂对方吗？

2．为了让自己在博客圈内小有名气，可以盗用别人的博文吗？

3．在自己的博客内发布或者转发不雅照片及不雅视频合法吗？

体验 6　E 时代，微生活

任务 1　微博时代，轻松随意

任务描述

我们可以将每天生活中有趣的事情、突发的感想，通过一句话或者图片发布到腾讯微博中与朋友们分享。

任务解析

（1）登录腾讯网首页，单击"微博"超链接或者右上角的微博图标。

（2）进入腾讯微博登录页面，输入已有 QQ 账号和密码，单击"登录"按钮。如果是新用户，可以单击"注册新账号"超链接，进行注册账号，可以使用手机号、邮箱进行注册登录，如图 6-1 所示。

（3）进入"开通微博"页面，输入姓名，单击"立即开通"按钮，进入"找到朋友"页面，

系统会筛选出你的 **QQ** 好友中已有微博的好友名单，可以自主选择收听，然后单击"下一步"按钮。

》 图 6-1　登录微博

（4）进入"为你推荐"页面，如图 6-2 所示。选择感兴趣的主题，系统会根据兴趣推荐一些人气较高的微博账户，单击"下一步"按钮，进入"基础设置"页面，勾选"基础设置"提供的选项，单击"保存，下一步"按钮，如图 6-3 所示。

》 图 6-2　添加关注好友

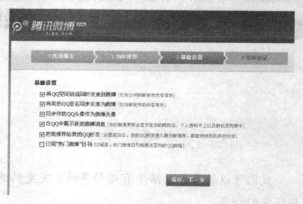

》 图 6-3　关注好友基本设置

（5）进入"完成验证"页面，输入姓名、身份证号码或者使用手机验证，验证后即可进入你的微博首页了。

（6）进入微博空间，在文本框中输入内容，单击"广播"按钮，或者按快捷键"Ctrl+Enter"即可发布微博，如图 6-4 所示。

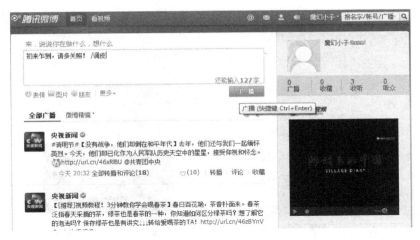

> 图 6-4　发布广播

（7）在微博中看到十分有趣或者有用的微博，可以对其进行"赞""转播""评论"及"收藏"等操作，单击相应的超链接即可，如图 6-5 所示。

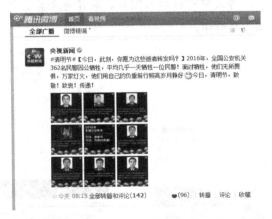

> 图 6-5　浏览广播

 **手机在线**

手机版新浪微博

手机版新浪微博是手机上的新浪微博，直接使用互联网账号即可登录，享受与网页版同样的内容与服务。

（1）从官方网站下载并安装"新浪微博"应用。

（2）启动"新浪微博"应用，如图 6-6 所示。如果你还没有新浪微博的账号，单击"注册"按钮，使用手机号码注册快捷简单，单击"随便看看"按钮，可以无须登录直接浏览其他博友发表的博文，如图 6-7 所示。

》图6-6 手机新浪微博

》图6-7 随便浏览微博

（3）进入新浪微博，如图 6-8 所示，"首页"显示你关注的人或者你自己发布的微博信息内容。进入"发微博"界面，博文中可以加入图片、表情等元素，单击按钮，然后可以从名单里选择需要提及的人，如图6-9所示。

》图6-8 首页

》图6-9 发微博

（4）"信息"功能，里面的内容都是与你本人有关的信息内容，由评论和私信构成。

"我"主要是查看自己的资料，包括登录名、关注了谁、谁关注了我以及所发的微博汇总，如图6-10所示。

"发现"广场就相当于一个城市的集市，在这里可以搜索想要搜索的人和话题，了解当天微博最热门的话题、转发、评论等，还可以去随便看看别人都在做什么、说什么等，以及关注一些电影明星、体育明星等的微博，如图6-11所示。

❖ 图6-10　"我"界面 ❖ 图6-11　"广场"界面

任务2　微信，一种别样的生活方式

任务描述

微信，不仅仅是聊天工具，除了给好友发送语音、文字消息、表情、图片和视频外，还可以将用户看到的精彩内容分享到朋友圈。通过摇一摇、查看附近的人，你可以认识新的朋友……

任务解析

（1）通过手机到自带的软件市场中搜索下载，也可进入手机浏览器搜索下载，安装有手机助手的用户，还可通过助手搜索下载。下载完毕后系统会自动安装或提示安装。

（2）打开"微信"应用，输入已有的QQ号码，单击"登录微信"按钮，弹出注册对话框，单击"注册"按钮，进入"填写个人信息"页面，输入"昵称"，单击"注册"按钮。

（3）进入"微信"后，主界面下方有4个图标："微信""通讯录""发现""我"。系统会自动发新消息，并且显示新消息的数目，当有新的消息传来时，在屏幕左上角会有提示图标，单击后即可查看新消息，如图6-12所示。

（4）单击"通讯录"图标，进入通讯录界面，单击右上角的"+"按钮，可添加朋友。

（5）进入"添加朋友"界面，通过搜索微信号添加好友，也可从QQ好友或手机通讯录中选择添加，如图6-13所示。

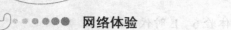
（6）通过"手机联系人"中的"添加手机联系人"打开查看手机通讯录，其中名字后带有"添加"表示该好友已申请开通微信，后面带有"邀请"则是没有开通，单击"添加"按钮即可添加其为微信好友，如图 6-14 所示。

» 图 6-12　查看微信

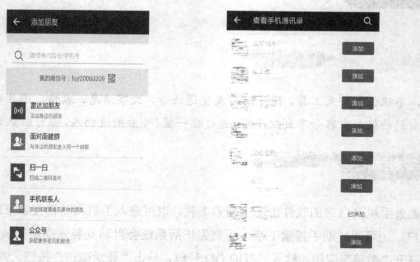

» 图 6-13　快速添加好友　　　　　» 图 6-14　添加手机联系人

（7）添加完成后，单击返回"微信"界面，单击微信好友的头像，可发起快速聊天，可选择一人进行单聊，也可选择多人建立群组进行群聊，还可选择已加入的群组进行聊天，并进入聊天界面。

（8）单击⑨按钮可输入会话，如图 6-15 所示，单击⊕按钮可发送语音、视频、位置、红包、名片等，如图 6-16 所示。

>> 图 6-15　与好友会话　　　　　　　　　　>> 图 6-16　发送更多内容

（9）单击"发现"图标，会显示"朋友圈""扫一扫""摇一摇"等相关功能，如图 6-17 所示。

>> 图 6-17　"发现"界面

（10）选择"扫一扫"选项，可以扫描二维码快速关注其他好友或者公众号，还可以扫描条形码、封面、街景及中英文字句，以获得相应信息，如图 6-18 所示。

》图 6-18 扫一扫添加关注

（11）选择"摇一摇"选项，摇动手机可获得同一时刻摇晃手机的人列表，单击可进行相应操作。单击▇▇按钮再摇晃手机可开启"摇一摇搜歌"功能，可将目前环境下你所听到的歌曲摇进手机，如图 6-19 所示。

（12）选择"附近的人"选项，可搜索附近正在使用微信的人，可选择"只看女生""只看男生""附近打招呼的人"等，如图 6-20 所示。

》图 6-19 摇一摇

》图 6-20 查看附近的人

（13）选择"朋友圈"选项，显示近期好友的分享，可对好友分享进行评论，长按内容可复制，单击其他人的评论内容可直接回复给对方。也可发表带照片的分享、文字分享，如图 6-21 所示。

（14）打开好友分享的内容，单击手机右上角的  按钮，可以将其内容发送给其他好友、分享到朋友圈、收藏等，如图 6-22 所示。

> 图 6-21　朋友圈　　　　　　　　> 图 6-22　转发分享内容

（15）单击"我"图标，可以修改个人信息、查看收藏等。

（16）在"我"→"设置"→"通用"→"清理微信存储空间"中可以清理微信存储空间，如图 6-23 所示。

> 图 6-23　清理微信存储空间

（17）在"我"→"设置"→"通用"→"照片和视频"中，分别关闭"照片"和"视频"的自动保存按钮，如图 6-24 所示。这样设置后，微信给好友发送拍摄的视频和照片时，手机就不会自动保存这些内容，所以即使没有及时清理手机相册的图片，也不会占用过多的内存空间。

（18）朋友圈、公众号等搜索功能。在微信界面中单击"搜索"按钮，在打开的界面中选择"朋友圈"选项，如图 6-25 所示。输入好友昵称/微信号关键字获得搜索结果，可看到按时间倒序显示的朋友圈。

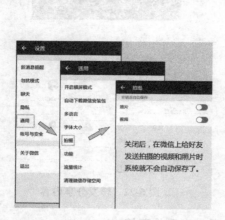

>> 图 6-24　关闭自动保存　　　　　>> 图 6-25　搜索朋友圈

而在选择指定好友（包括）后，便可指定时间段搜索朋友圈。操作方法为：搜索→朋友圈入口→输入好友昵称/微信号→按时间筛选→选择时间段→获得搜索结果，如图 6-26 所示。

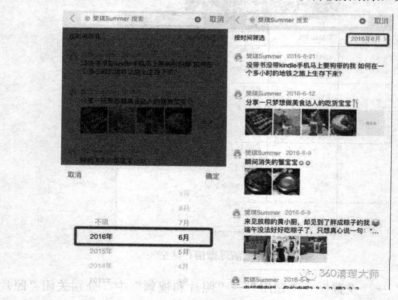

>> 图 6-26　按时间筛选

 **网络课堂**

微博使用小技巧

（1）@他人的正确格式是："@随心随意"注意昵称后面（也就是"随意"两个字后面）要有一个空格才能成功提到别人。

（2）使用双#号形成话题方便大家找到共同的话题，如"#新人报到#"。

（3）多关注人气王，向别人学习怎么发微博。

（4）多评论别人的微博并互相关注。

（5）给自己贴标签，更容易找到共同兴趣爱好的人。

（6）发现有兴趣、有深度的微博可以适当收藏。

（7）发起大家感兴趣的话题投票。

（8）使用自己的名字和头像。

（9）使用自定义背景，既可以体现个性也可以宣传。

（10）经常逛逛微博广场，看看大家在讨论什么，加入热门话题讨论。

（11）加入自己感兴趣的微群。

（12）争取通过认证，提高知名度。

（13）邀请亲朋好友互相关注，第一时间了解朋友的动态。

 **相关链接**

影响力较大的微博网站

1. 新浪微博

新浪微博（http://weibo.com/）似乎没有跳出新浪博客文化的框框，而使用了"评论"，这样显得过于正式，貌似与轻松、随意、活力的设计不大相符。推广策略上，也走着新浪博客过去走过的路，以名人效应拉动。

2. 搜狐微博

搜狐微博是搜狐网旗下的一个功能。如果你已有搜狐通行证，可以直接输入账号、密码登录搜狐微博（http://t.sohu.com）。可以将每天生活中有趣的事情、突发的感想，通过一句话或者图片发布到互联网中与朋友们分享。微博的草根性更强，且广泛分布在桌面、浏览器和移动终端等多个平台上，有多种商业模式并存，或形成多个垂直细分领域的可能。但无论哪种商业模式，都离不开用户体验的特性和基本功能。

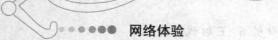

网络体验

 文明上网小贴士

使用微博/微信的6个原则

荀子言："言有招祸也，行有招辱也，君子慎其所立乎。"

个人使用微博/微信要坚持以下6个原则。

（1）真实原则——我说的一定要真实。

（2）怀疑原则——谁发的都可能不实。

（3）平等原则——没有身份地域差别。

（4）善意原则——骂我攻我仍旧谦和。

（5）尊重原则——尊重他人生活隐私。

（6）保密原则——家庭秘密绝不谈及。

 警示窗

"摇一摇"要谨慎

随着智能手机的广泛应用，"微信"的"附近的人""摇一摇""漂流瓶"等功能可以迅速找到陌生人并与其交流，然而"陌生人"这种虚拟身份的不确定性，也就使得"微信"的"陌生人"可信度较低。

1. 摇来靓女，手机被"涮"走

不法分子通过微信交友，相约见面，伺机窃取对方手机或随身携带的财物。

2013年5月，英先生通过微信"摇一摇"功能，摇来一位"靓女"，此后两人相约到酒吧聚会后，"靓女"借英先生的苹果手机出去打电话，结果人和手机都不见了。

2. "摇"出暧昧，男子酒吧挨宰

一些年轻女子以加微信好友的方法骗取男士信任，将他们约至酒吧、咖啡吧进行高消费，骗取钱财。

2013年3月，陆先生通过微信认识了一个女孩，双方约定在文化宫广场见面，女孩还带了一个闺蜜。逛街后，两位美女提出要休息一下，于是他们一起去一个酒吧喝了几瓶红酒，结果陆先生花了5900元"埋单"。

3. 微信"摇一摇"引色狼

2013年4月15日下午两点多，天津市公安静海分局城关派出所接到一名女子报警。该女子称自己被人敲诈勒索，嫌疑人就在县城某快捷宾馆内。接报后，民警立即赶到现场，报警人正被一名男子拦着不让离开。经过一番劝解，男子终于讲述了事情的经过。女子小王，今年26岁，闲来无事用微信的"摇一摇"功能加好友聊天时结识了34岁的男子肖某。二人成了无话不谈的好朋友，这时，肖某提出二人见一面，出于对肖某的好奇，小王也同意了这一提议。3月初的一天下午，小王和肖某在静海县的健身广场见面，二人一见如故，一起吃饭、看电影，当天晚上，小王与肖某便在县城一快捷酒店开房入住。随着两人越来越了解，肖某得知小王家境不错，便动起了歪脑筋。肖某在二人再次见面时拍下亲热的照片、视频，以此来威胁小王，向其勒索10万元现金，否则就将二人的关系告诉小王家人。被逼无奈，小王只好拨打110报警。目前，犯罪嫌疑人肖某已被依法刑事拘留。

警方提醒：网络虚拟性的特点往往使得信息不透明，现在网络个人用户注册仍以"非实名制"为主。网友在网上交友务必要保持警惕，不要轻易相信陌生人。与陌生人及不了解的网友约会见面，要有防范意识。最好有朋友陪同，不要单独前往。另外，约会时对于对方提出来的借手机、借钱这些要求一定要多加留心。如果遇到不法侵害，要及时报警。

思考与讨论

1. 微信带给我们哪些利与弊？

2. 面对"摇"来的缘分，你会怎么处理？

3. 2011年3月11日，日本东海岸发生9.0级地震，地震造成日本福岛第一核电站1～4号机组发生核泄漏事故。谁也没想到这起严重的核事故竟然在中国引起了一场令人咋舌的抢盐风波。从3月16日开始，中国部分地区开始疯狂抢购食盐，许多地区的食盐在一天之内被抢光，期间更有商家趁机抬价，市场秩序一片混乱。引起抢购的是两条消息：食盐中的碘可以防核辐射；受日本核辐射的影响，国内盐产量将出现短缺。

3月21日，杭州市公安局西湖分局发布消息称，已查到"谣盐"信息源头，并对始作俑者"渔翁"做出行政拘留10天，罚款500元的处罚。

你如何理解"谣言止于智者"？面对谣言，我们该怎么做？

体验 7 网上支付，安全第一

任务 1 网上银行，安全快捷

任务描述

如何保障资金安全是很多人关心的话题。如果我们使用网上银行，在交易中认清"冒充站点"，提高警惕保护密码安全，便可在网上进行账户查询、快速转账、网上缴费、投资理财等操作，实现足不出户便能安全快捷地使用银行的各项服务。

任务解析

使用网上银行，必须在相关银行开设银行账户，包括各种信用卡、定期存折、活期存折、一折通或一本通账户等；并拥有有效身份证件，包括身份证、护照、军官证等。

（1）以中国建设银行为例，登录中国建设银行网站（http://www.ccb.com/），如果没有开通网上银行，马上开通。

　　中国建设银行的网上银行分为 3 种：普通客户、便捷支付客户和高级客户，如图 7-1 所示，可根据自己的需求选择相应的开通类别。

　　　　普通客户：查询、理财等服务。

　　　　便捷支付客户：查询、理财及小额转账、支付、缴费等服务。

　　　　高级客户：查询、理财及转账、外汇汇款、向企业汇款等服务。

　　高级客户需银行卡持有人携带证件到银行网点办理，在此我们选择"便捷支付客户"，并单击"马上开通"按钮。

》 图 7-1　建设银行网上银行的种类

　　（2）仔细阅读《中国建设银行电子银行个人客户服务协议》和《中国建设银行电子银行风险提示》后，单击"同意"按钮。

　　（3）填写账户信息，信息要准确，包括姓名、建行账号、附加码等。

　　单击"下一步"按钮，待收到短信验证码，确认网上银行基本信息，设置登录密码、私密问题及答案，网上银行即开通成功。图 7-2 为中国建设银行网上银行便捷支付客户开通的步骤和填写账户信息窗口。

中国建设银行网上银行便捷支付客户开通

① 阅读协议及风险提示　▶　❷ 填写账户信息　》　③ 输入短信验证码　》　④ 确认网上银行基本信息　》
⑤ 设置登录密码、私密问题及答案　》　⑥ 开通成功

填写账户信息

　　* 姓名　　　［　　　　　　　　　　　　　］

　　* 建行账号　［　　　　　　　　　　　　　］　　　▶ 系统将自动对您输入的账号进行每四位数字后添加一个空格的特殊处理

　　* 附加码　　［　　　　　　　　　　　　　］　　　5es×6　看不清，换一张（不区分大小写）

　　　　　　　　［ 下一步 ］　［ 上一步 ］

》 图 7-2　开通网上银行便捷支付客户

（4）成功开通网上银行后，可以登录，单击"个人网上银行登录"按钮，输入身份证号、登录密码和附加码，确认后进入个人账户管理页面。

（5）业务办理。主要包括我的账户、转账汇款、缴费支付、信用卡、个人贷款、投资理财、客户服务和安全中心等相关业务，如图7-3所示。

| 我的账户 | 转账汇款 | 缴费支付 | 信用卡 | 个人贷款 | 投资理财 | 客户服务 | 安全中心 |

》 图7-3　个人账户管理

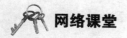

网络课堂

先进技术保障财产安全

为保障财产安全，银行系统会采用严格的安全性设计，通过密码校验、CA 证书、SSL（加密套接层协议）加密和服务器方的反黑客软件等多种方式来保证客户信息的安全。

另外，银行也会为客户提供软硬件安全产品，重重保护交易的安全。

其中，硬件安全产品包括网银盾、动态口令卡、短信动态口令等，采用密码和安全工具的组合验证。软件安全产品指客户拥有的软件形式的安全产品，如屏幕软键盘、专用浏览器等。软件安全产品可充分利用客户端设备，改善客户端的安全性。

1. 网银盾

网银盾是银行推出的高强度网上银行安全产品，是将预先制作好的电子证书在银行内部环节直接写入 USB Key 中，即领即用。客户在网上银行操作时，如果签约并领取了预制证书即网银盾，其以后的网上银行操作将不再需要下载数字证书，操作流程更简单、快捷。

网银盾是为网银加了盾牌。即使黑客盗取了网银密码，没有网银盾，一样无法盗取资金。

网银盾类似于 U 盘，可以将客户的证书专门存放于盘中，随插随用，非常安全。图7-4 为建设银行网银盾示例。

》 图7-4　建设银行网银盾示例

只要妥善保管了自己的网银盾口令，网银盾丢失后，即使被他人捡到，由于不知道口令，也不能使用网银盾进行网上银行操作。网银盾丢失后，需要再去网点重新申请网银盾并签约绑定。

2．动态口令卡

动态口令卡就是在网上银行办理转账、汇款、支付等需要从账户中转出资金时进行用户身份验证的一种工具。卡上有横纵坐标，对应的有数字，根据银行页面反馈的坐标，输入相应的数字就可以通过验证了。

目前，各个银行都有推出动态口令卡的电子银行安全工具，是保护客户资金的又一道防线。口令卡大小类似于银行卡，背面以矩阵形式印有 80 个数字串，刚申领的新卡有专用覆膜保护。使用网上银行进行对外支付交易时，网上银行系统会随机给出一组口令卡坐标，客户从卡片上找到坐标对应的密码组合并输入网上银行系统，只有当密码输入正确时，才能完成相关交易。这种密码组合动态变化，每次交易密码仅使用一次，交易结束后即失效，能有效避免交易密码被黑客窃取。申领口令卡后，使用 IE 证书对外支付将不受限额控制。

3．短信动态口令

短信密码以手机短信形式请求包含 6 位随机数的动态密码，也是一种手机动态口令形式，客户在登录或者交易认证时输入此动态密码，从而确保系统身份认证的安全性。

 **相关链接**

各大银行的官方域名

域名是网址中"http://www."到第一个"/"之间的部分，通常都是×××.com 或×××.com.cn或×××.cn 等的形式，主流浏览器基本都带有域名突出显示功能（网站域名在浏览器地址栏中被加粗显示），这样可以有效防止假冒网站、钓鱼网站采用障眼法来以假乱真蒙骗网民。

通过中国电子认证服务产业联盟的各大银行网站域名如下。

- 中国工商银行：http://www.icbc.com.cn/。
- 中国建设银行：http://www.ccb.com/。
- 中国邮政储蓄：http://www.psbc.com/。
- 中国农业银行：http://www.abchina.com/。
- 中国银行：http://www.boc.cn/。
- 招商银行：http://www.cmbchina.com/。
- 交通银行：http://www.bankcomm.com/。
- 中信银行：http://www.ecitic.com/。

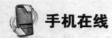 **手机在线**

工商银行手机银行

智能手机的发展使我们只要随身携带可以上网的手机，无论何时，身在何处，均可轻松管理账户、打理财务、缴纳费用，一切尽在"掌"握中。通过门户网站、手机网站、个人网上银行3种方式进行自助注册，也可随时到营业网点办理柜面注册手续，简单方便。

手机银行（WAP）可提供转账汇款、缴费、手机股市、基金、外汇买卖等金融服务，能够随手掌握市场动向，时时积累财富。

（1）下载中国工商银行手机版，如图7-5左图所示。使用手机号或者卡号登录，服务人性化，简便快捷。

（2）若拥有工商银行的借记卡或者信用卡，可使用自助注册，注册手机银行，如图7-5右图所示。注册共分为6步：阅读并遵守电子银行章程→了解个人客户服务协议→查看手机银行交易规则→确认→单击"同意"按钮。

※ 图7-5 工行网银手机版

（3）填写手机号及银号卡号，确认并输入注册信息。注册成功后可直接单击"登录手机银行"按钮进行登录。

（4）注册完成后，单击"主菜单"图标，如图7-6左图所示，包括"我的账户""转账汇款"等基本功能。亦可进行手机充值、投资理财、缴费、还信用卡等操作。但是手机银行的资金转出功能有严格限制，必须要本人到柜台去办理签订协议，才能转账、缴费、支付。同时，还采取静态密码、电子银行口令卡等多种手段确保资金与信息的安全。

（5）使用完成后，为保障账号安全，单击软件左上角的"安全退出"图标，待出现如图7-6右图所示的"退出成功"欢送页后，再进行其他操作。

>> 图7-6　主菜单和退出界面

文明上网小贴士

网银安全，防范很重要

网上银行（简称网银）的用户只要有一台可以上网的计算机，就可以使用浏览器或专有客户端软件来使用银行提供的各种金融服务，如账户查询、转账、网上支付等。与传统渠道（柜台）相比，网银最大的特点是方便快捷，不必排队。网银近年有成长的趋势。网银可以让银行节省不少人力成本，因此有些银行对于使用网银的客户提供更高的存款年息率，或是减免手续费。

作为银行交易网站，无论是安全技术的运用，还是安全性能方面的表现，网银都远高于普通的商业交易网站。以工商银行网银为例，其系统采用多重防火墙并辅以人工监控，能有效实现内外网的隔离与防控。同时采用先进的网络安全检测软件，随时检测修正系统可能出现的弱点和漏洞，并通过成熟的监控设备和实时入侵检测设备，对网银系统实施24小时监控和扫描，能够及时发现并阻断针对网络的病毒攻击或黑客入侵。事实上，到目前为止，并未发生一例因网银安全系统被攻破而造成用户资金损失的事情。由此可见，网银本身的安全性其实是相当可靠的，完全可以让人放心。

当然，除网银本身安全可靠之外，用户自身的防护能力也至关重要，毕竟网银是由个人通过自己的计算机来操作的。由于大部分网银使用者并非计算机专家，不大可能具有专业能力对自己的计算机进行严密的防护，另外，也不是每位网银使用者都具有较强的安全意识，因此，面对诸如短信诈骗、假网站、木马病毒等形形色色针对网银用户的"攻击"时，确实比较容易"中招"。不过，只要利用工商银行"U盾"那样的工具，即使不具备专业能力，同样也可以确保个人资金的安全。

网银是通过注册卡号、登录密码、支付密码等数字符号来识别用户身份的，只有在这些信息被人悉数掌握的情况下，个人账户才可能被人冒用并在网上操作。事实上，目前通过短信、假网站、木马病毒等非法手段来诱骗、窃取的也就是上述这些个人敏感信息，换言之，如果使用的是无法窃取的密码，也就不可能被盗用资金了。

 警示窗

提防汇款诈骗

2013年11月27日9时19分许，家住石家庄市的赵先生收到一条来自北京的短信，让其往一个户名为"黄某某"，卡号为"622848083××××"的农行卡上汇款。正巧前一天晚上，赵某在外地居住的舅舅让他还钱，说是有急用，因此赵先生便以为短信是其舅舅发来的，当日12时许，他向此卡号汇去现金8200元，随后联系舅舅，舅舅告诉赵先生他根本没有发信息，结果证明钱被诈骗了。

为有效防范、打击此类案件，警方收集了此类案件的发案特点进行发布，以提高市民的防骗能力。此类诈骗案件可分为五大类。

1. 网上购物诈骗

案件特点：犯罪分子通过自身创建的电子商务网站或利用虚假身份信息在提供交易的知名大型电子商务网站进行注册，然后以虚假内容吸引网上消费者。犯罪分子会要求购买者预付货款或提出预付邮寄费、保证金等，在收取众多的汇款之后，诈骗者不提供给购买者商品或者干脆"网上蒸发"。

2. 网上订机票诈骗

案件特点：犯罪分子在大型旅游网站、门户网站博客或在百度网等虚设某某航空公司网上订票网站，假借各航空公司的名义在网络上发布虚假机票打折信息。以低廉的价格诱使受害人拨打网上留有的400开头的客服电话联系，待受害人与其联系时，即提供一个账号，要求受害人汇款后再寄机票，等受害人通过银行汇款后，嫌疑人则以各种理由推托不给受害人邮寄机票，或拒接受害人的电话。

3. 网上中奖诈骗

案件特点：犯罪分子利用传播软件随意向互联网QQ用户、邮箱用户、网络游戏用户、淘宝用户等向受害人发布虚假中奖提示信息，谎称其中了大奖，并提供一个和该网站网址非常相似的网址链接，要求其上网确认。一旦用户单击该链接，就会登录到犯罪分子制作的网站，按提示进行操作，就会显示受害人确实中奖了，并要求其拨打网站上留的"客服电话"，咨询领

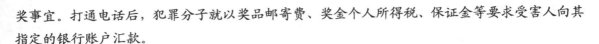

奖事宜。打通电话后，犯罪分子就以奖品邮寄费、奖金个人所得税、保证金等要求受害人向其指定的银行账户汇款。

4．网上 QQ 好友诈骗

案件特点：犯罪分子通过技术手段，截取受害人亲人或朋友的视频聊天画面和有关信息资料，盗用亲人或朋友的 QQ 号码，然后明目张胆地冒充亲人、朋友与受害人"视频聊天"，并且编造各种理由诱骗受害人汇款到指定账户，因需要在最短时间内收到钱款，多选择在银行等金融机构能正常办理业务时作案。

5．其他网上虚假广告诈骗

案件特点：此类诈骗包括网络投资诈骗、网络贷款诈骗、网络炒股诈骗、手机充值卡诈骗、网游产品诈骗等。犯罪分子在一些普通的网站上制作虚假广告，以加盟费、手续费、货款等形式骗取钱财。

在此提醒大家，不贪图便宜，不轻信意外之财，是防范诈骗案件最重要、最基本的心理防线。如果人们都不贪便宜，骗子就没有空子可钻；接到承诺给予好处并要求汇款的电话、短信或电子邮件后，心中要多想几个"为什么"，不要随意答复对方，更不要随意转账、汇款。遇事要多与家人、朋友商量，多征求他们的意见。绝不能因为"头脑一热"而随意付钱，做出令自己后悔的事情。

（资料来源：燕赵都市网）

任务2 支付宝，知托付

任务描述

学会开通支付宝，了解并使用支付宝的各主要功能：网上购物支付、转账付款、水电煤缴费、信用卡还款等。

任务解析

（1）在浏览器的地址栏中输入"https://www.alipay.com/"，进入支付宝主页面，单击"注册"按钮。

（2）支付宝的注册分为个人账户和企业账户，一般选择个人账户。填写所在的国家和地区，输入手机号码或电子邮箱作为账户名，并将在手机或邮箱返回的验证码填写在弹出的对话框

中，如图 7-7 所示。

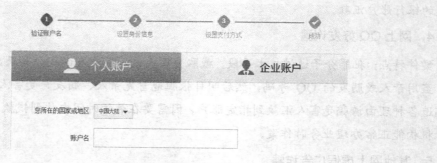

》 图 7-7 注册个人账户

（3）填写详细信息，包括登录密码和支付密码，可使用字母数字和符号的组合，两个密码不能相同，登录密码用于支付宝登录，支付密码用于付款转账等。完成所有信息填写后单击"确定"按钮，进入设置支付方式页面，如图 7-8 所示。

（4）在支付方式中填写申请过网上银行的银行卡号，填写时要符合银行的规定，确认姓名身份证号和手机号等信息，注册成功。

（5）回到支付宝主页面，输入用户名和登录密码，进入"我的支付宝"页面。支付宝主要包括我的支付宝、财富中心、生活服务、账号管理等服务。另外，还设有购物、转账、理财、缴费、还款、充值、提现、还贷款等基本功能，亦可查看淘宝账号全部状态，如图 7-9 所示。

》 图 7-8 设置支付方式

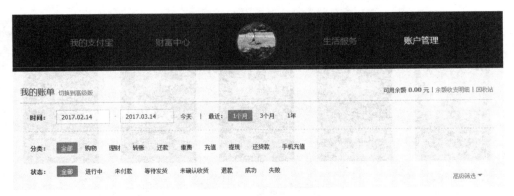

≫ 图 7-9　支付宝功能页面

（6）选择"财富中心"标签，可使用支付宝提供的理财服务。选择"生活服务"标签，可以进行日常应用管理和转账付款、生活便民、公益教育、旅行票务、娱乐网购等操作，如图 7-10 所示。

≫ 图 7-10　财富中心和生活服务

如图 7-11 所示的旅行票务，涵盖了汽车票、机票火车票、订酒店及出境游等服务，节约了我们的成本和出行时间。

≫ 图 7-11　旅行票务

支付宝的购物功能在娱乐网购中体现得更全面，可实现购买彩票，迅速到账游戏充值，淘宝购物以及无须排队购买电影票的功能。单击"娱乐网购"中的"淘宝电影"按钮，即可进入如图 7-12 所示的淘票票页面。

》 图 7-12　淘票票

在淘票票页面中，我们可以方便地查看影院信息，并根据自己的需求，完成 STEP01 选座购票/买券，STEP02 收电子码，观影者提前几分钟至影院取票即可，节省了排队买票的时间。

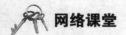网络课堂

认识第三方支付

第三方支付是指具备一定实力和信誉保障的独立机构，采用与各大银行签约的方式，提供与银行支付结算系统接口的交易支付平台的网络支付模式。在第三方支付模式，买方选购商品后，使用第三方平台提供的账户进行货款支付（支付给第三方），并由第三方通知卖家货款到账，要求发货；买方收到货物，检验货物，并且进行确认后，再通知第三方付款；第三方再将款项转至卖家账户。通过支付宝的购物流程如图 7-13 所示。

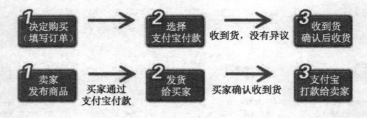

》 图 7-13　通过支付宝的购物流程

2017 年 1 月 13 日下午，中国人民银行发布了一项支付领域的新规定——《中国人民银行办公厅关于实施支付机构客户备付金集中存管有关事项的通知》，明确了第三方支付机构在交易过程中产生的客户备付金，今后将统一交存至指定账户，由中央银行监管，支付机构不得挪用、占用客户备付金。

在现实的有形市场，交易可以通过信用保障或法律支持来进行，而在虚拟的无形市场，交易双方互不认识，不知根底，故此，支付问题曾经成为电子商务发展的瓶颈之一，卖家不愿先

发货，害怕货发出后不能收回货款；买家不愿先支付，担心支付后拿不到商品或商品质量得不到保证。博弈的结果是双方都不愿意先冒险，网上购物无法进行。为迎合同步交换的市场需求，第三方支付应运而生。

　　第三方是买卖双方在缺乏信用保障或法律支持的情况下的资金支付"中间平台"，买方将货款付给买卖双方之外的第三方，第三方提供安全交易服务，其运作实质是在收付款人之间设立中间过渡账户，使汇转款项实现可控性停顿，只有双方意见达成一致才能决定资金去向。第三方担当中介保管及监督的职能，并不承担风险，所以确切地说，这是一种支付托管行为，通过支付托管实现支付保证。

 **相关链接**

其他第三方支付方式

1．财付通

　　财付通是腾讯公司于 2005 年 9 月正式推出的专业在线支付平台，致力于为互联网用户和企业提供安全、便捷、专业的在线支付服务。财付通构建全新的综合支付平台，业务覆盖 B2B、B2C 和 C2C 各领域，提供卓越的网上支付及清算服务。针对个人用户，财付通提供了包括在线充值、提现、支付、交易管理等丰富的功能；针对企业用户，财付通提供了安全可靠的支付清算服务和极富特色的 QQ 营销资源支持。

　　财付通已通过中国国家信息安全测评认证中心的安全认证，是国内首家经权威机构认证的电子支付平台，同时，这也标志着中国电子支付行业在人们最关心的安全方面开始走向标准化、规范化。中国国家信息安全评测认证中心按照严格的认证程序，对财付通支付系统进行了全面审查，最终授予其一级安全认证资格。

2．拉卡拉

　　拉卡拉集团是首批获得中央银行颁发《支付业务许可证》的第三方支付公司，是中国最大的便民金融服务公司。致力于为个人和企业提供日常生活所必需的金融服务及生活、网购、信贷等增值服务。2013 年 8 月完成集团化结构调整，下设拉卡拉支付公司、拉卡拉移动公司、拉卡拉商服、拉卡拉销售和拉卡拉电商公司。

　　目前，拉卡拉已与中国银联以及包括工、农、中、建、交五大行在内的 50 余家银行建立了战略合作伙伴关系，并在全国超过 300 个城市投放了 7.5 万台自助终端，形成了中国最大的便民金融服务网点网络，遍布所有知名品牌便利店、商超、社区店，每月为数千万人提供信用卡还款、水电煤气缴费等公共缴费服务，有效缓解了银行柜面的压力，解决了用户排队难问题。图 7-14 为拉卡拉蓝牙手机刷卡器。

※ 图7-14　拉卡拉蓝牙手机刷卡器

　　国内的第三方支付产品主要有支付宝、微信支付、百度钱包、PayPal、中汇支付、拉卡拉、财付通、融宝、盛付通、腾付通、通联支付、易宝支付、中汇宝、快钱、国付宝、物流宝、网易宝、网银在线、环迅支付IPS、汇付天下、汇聚支付、宝易互通、宝付、乐富等。

3. 微信支付

　　微信支付是集成在微信客户端的支付功能，用户可以通过手机完成快速的支付流程。微信支付以绑定银行卡的快捷支付为基础，向用户提供安全、快捷、高效的支付服务。

　　用户只需在微信中关联一张银行卡，并完成身份认证，即可将装有微信App的智能手机变成一个全能钱包，之后即可购买合作商户的商品及服务，用户在支付时只需在自己的智能手机上输入密码，无须任何刷卡步骤即可完成支付，整个过程简便流畅。微信支付主要有以下应用场景。

- ● 公众号支付：在微信内的商家页面上完成支付。
- ● 扫码支付：使用微信扫描二维码，完成支付。
- ● App支付：在App中，调起微信，完成支付。

　　打开微信客户端，单击右下角的"我"图标，选择"钱包"功能，可打开如图7-15左图所示的"钱包"界面。其中的收付款功能可以扫描二维码或向其他人展示自己的收款二维码。零钱显示了微信钱包中的存储金额。银行卡可以添加和删除与微信关联的银行卡。

　　另外，微信钱包还提供诸如面对面红包、手机充值、理财、借贷、QQ充值、生活缴费（包括水费、电费、煤气费等业务）、城市服务、信用卡还款、腾讯公益及第三方付款服务，如摩拜单车、滴滴出行、购买火车票和机票。

单击"城市服务"图标，如图 7-15 右图所示，平台提供了生活服务、政务办理、车辆服务等功能。生活服务可进行当地医院挂号、公共场馆预约。政务办理具有公积金业务、社保查询、公证服务、学历查询等功能。到出入境大厅办理护照前，可提前在微信中的"出入境业务办理"中进行填表和预约。车辆服务可以查询交通违法信息。ETC 服务可连接至山东高速，办理充值、查询、开具发票等业务。

>> 图 7-15　微信钱包和城市服务

手机在线

支付宝钱包

支付宝钱包是支付宝针对各个手机平台推出的客户端软件。可提供与计算机端相同的线上交易、付款、信用卡还款、生活缴费、买彩票、充话费等功能。另外，由于手机的便携性和安全性，还可实现扫码支付、生成二维码、订外卖、滴滴打车等功能。

（1）以支付宝账号登录手机支付宝，可以看到主界面中的基本功能，主要有扫一扫、付钱、收钱、卡包等，如图 7-16 左图所示。单击主界面右下角的"我的"图标，可以查看我的支付宝账号信息，如图 7-16 右图所示，包括账单、余额、余额宝，以及其他网商功能。

（2）手机支付宝还有许多功能，可单击主界面上的"全部"图标，如图 7-17 所示，可以看到更多应用和第三方提供的应用。"我的应用"中提供了买票、充值、生活缴费等功能，提高了我们生活的便利性。

》 图 7-16　支付宝界面

》 图 7-17　全部应用

（3）在出行需要打车时，单击"滴滴出行"图标，可打开如图 7-18 左图所示的界面，滴滴出行提供了快车、出租车、专车、顺风车和代驾 5 种出行方式。选择适合自己的出行方式，以出租车为例，支付宝自动获取你的位置信息，在"您要去哪儿"文本框中输入目的地，单击"呼叫出租车"按钮即可。

（4）可选择手机话费充值，如图 7-18 右图所示。进入充值中心，输入手机号，选择充值金额即可。

> 图 7-18　滴滴出行和充值中心

（5）另外，手机中其他应用需要支付时，大多数也可以使用支付宝钱包，支付宝钱包可实现的交易付款包括以下三项：

- 快捷支付：为在淘宝网和其他网站上拍下的商品付款，支持用支付宝余额、支付宝卡通、手机银行和话费卡）支付。

- 手机支付宝网站：为在淘宝网和其他网站上拍下的商品在手机平台付款，支持用支付宝余额、红包、集分宝、快捷支付、手机银行、储蓄卡语音支付和话费卡支付。

- 短信支付：为在淘宝网和其他网站上拍下的商品付款，支持用支付宝余额、支付宝卡通、手机银行和话费卡支付。

文明上网小贴士

网银诈骗形成

网上购物、付款已经成为人们消费的一种主流手段。更多的人选择网上购物，因为网购不但方便快捷，而且价格相对便宜，并且能够节省逛街时间。然而，网银支付也面临着一系列的安全问题，让人防不胜防。下面介绍几种常见的网银诈骗形式。

- 冒充银行：告知银行卡在异地被盗用，需要签约网上银行。

- 冒充购物网站或者商家客服：告知付款未成功，发付款或者退款链接，需要重新网银支付或退款。

- 冒充出售游戏币或者游戏装备：发给付费链接，要求网银支付。

- 冒充公安局、检察院的工作人员：告知账户涉嫌洗钱，需要签约网上银行。
- 冒充贷款公司、个人或者银行：告知能办理银行无抵押、无担保或低息贷款时，需要签约网上银行进行验资。
- 谎称合作生意与他人做生意：需要预存保证金，并签约网上银行进行验资。
- 谎称项目筹资：正在筹集资金阶段，需要存入资金，签约网上银行。

总之，不轻信陌生人发来的链接，不随便加陌生人的 QQ，增强防范，才能保障自己的财产安全。

 **警示窗**

支付宝诈骗案例

支付宝作为一个第三方支付平台，除了淘宝网之外，还有很多购物网站都支持支付宝这种支付方式，虽然大多数人不会在支付宝里存放很多钱，但留一点现金购物备用还是很多的。另外，有些人还喜欢把支付宝和银行卡绑定在一起，支付时可直接扣取银行卡中的现金。

2011 年 6 月起，浙江支付宝网络科技有限公司陆续接到了不少客户的电话，说支付宝中的金钱被人盗用了。截至 10 月，人数上升到 200 多人，全国各地网友都有，被盗账户金额 10 万余元，被盗最多的一个账户里有 9000 多元现金。

警方侦查近一个月，发现了嫌疑人的踪迹，并抓获嫌疑人曾某。经初步调查，曾某使用的是一种木马程序，引受害人进入钓鱼网站。

受害人主要有两种情况容易受骗上当。第一种是直接用搜索引擎搜索支付宝网页登录支付宝。例如，卖家想收取买家付进支付宝的货款时，直接用搜索引擎搜取网址，不仔细核对域名，就有可能误进酷似支付宝网站的钓鱼网站。

这种情况比较少，最容易上当的还是第二种。

受害人在阿里旺旺上收到一条群发消息，一般是优惠力度超大的商品，当受害人想要购买，并打开这个网址一步一步操作购物时，已经进了圈套。

这时受害人在酷似支付宝的网页上输入账号和密码，系统会提示网络出错或系统有误，甚至死机。受害人一般不会意识到被骗了，可能会重启机器继续上网，等再登录支付宝时，里面的金钱已经被盗。

一位网友说，他的阿里旺旺收到一条消息，内容为"移动、电信、联通 20 元话费全国通用，只需 1 元，每人限拍一件，限时抢购……"，他一看活动很诱人，就打开了，直接去支付宝，当时没注意到网址（其实已经进了钓鱼网站），支付宝却提示"支付失败，系统正在维护中"。他的支付宝绑定了两张银行卡，可以不用向支付宝充钱直接付款，他打开了一个账号内只有 20 多元

钱的工商银行账户。当把账号密码全都输入之后，发现两次都出错了，他顿时警觉，赶紧打了支付宝客服，客服告知其上当了，他才赶紧冻结了账户。这时他卡内的余额是 1.42 元。

这位网友总结：钓鱼网站做得很好，网址很难分辨真伪。

警方提醒：

不要随意打开聊天工具中发送过来的陌生网址，不要随意接收聊天工具中的传输文件，不要打开陌生邮件和邮件中的附件，及时更新杀毒软件。

对于阿里旺旺上收到的链接，直接登录官方网站核实或者操作。

进入支付宝付费时，请牢记支付宝的网址为 https://www.alipay.com/，网址栏内的"https"是绿色的，是加密链接，"https"前面还有一个绿色小锁，这是一个安全标识，证明这是一个安全站点。钓鱼网站肯定没有这个绿色小锁。

一旦已经输入了账号和密码，网站提示"支付失败"或"密码错误"，请你"稍后再试"，有可能已经被钓鱼。如果你还能登录账户，立刻修改支付密码、登录密码，并进入安全中心检查上一次登录地，进入交易管理查看是否有可疑交易。如果有，立刻打支付宝客服电话。

如果你还输入了银行卡信息，打电话到银行申请临时冻结账户或电话挂失。如果已不能登录，拨打支付宝客服电话申请对账户暂时监管。最后，使用杀毒软件对计算机全面扫描，确保计算机里没有木马。如果发现有，再次杀毒，确认计算机安全后，再登录，并修改密码。

（资料来源：杭州 19 楼网）

思考与讨论

1. 有的学生发现，网银盾很像一个优盘，于是想在网银盾中存储数据，这样可以吗？

2. 在日常生活中，有熟悉的人通过 QQ 或者其他方式发链接给你，你会立即打开吗？应该如何正确应对？

体验 8　轻松购物，团购聚划算

任务 1　京东、淘宝，开启购物季

任务描述

　　某班想制作一批印有班级名称的文化衫，班长利用一个有效的邮箱账号注册了淘宝，并进行激活。在淘宝网上选择商家，购物，评价，最后确认收货，免去诸多麻烦，顺利完成任务。

任务解析

　　（1）在浏览器地址栏中输入"http://www.taobao.com"，打开淘宝网，单击淘宝网首页左上方的"免费注册"按钮，进入注册页面，如图 8-1 所示。有手机号码注册和邮箱注册两种方式，出于注册安全性和登录方便的考虑，选择邮箱注册方式。

　　（2）激活淘宝账号，申请注册完成后，申请的账号还不能马上使用，还需要通过邮件认证，再通过认证的邮件对账号进行激活。在注册申请提交完成之后，系统会自动发送认证邮件到注册的电子邮箱中。

（3）登录淘宝网，在搜索框中输入"文化衫"，如图 8-2 所示。

▷ 图 8-1　淘宝新用户注册

▷ 图 8-2　搜索页面

（4）为了准确找到所需商品，可以选择相应的商品属性，如"袖长"选择"长袖"，"尺码"选择"均码"，以缩小搜索范围。此时可在"排序"处选择排序方式，一般可以选择"价格从低到高"或者"信用从高到低"，这样将快速找到商家信用度高且价格低的宝贝。另外，也可以按照销量等进行排序，如图 8-3 所示。

▷ 图 8-3　选择商品属性

（5）排序结束后，可单击自己喜欢的宝贝图片进入宝贝详情页面。查看"商品详情"和"累计评价"，如图 8-4 所示。根据自己的需要和其他用户的建议，确定自己需要的产品类型，必要时可与店主进行沟通。

| 商品详情 | 累计评价 20 | 月成交记录6件 |

▷ 图 8-4　查看详情评价

（6）根据班级人数，确定需要的尺码、颜色和数量，单击"加入购物车"按钮，如图 8-5 所示。

》图 8-5 商品加入购物车

（7）商品挑选完成后，单击页面上方的"购物车"按钮，进入购物车页面，确认数量、颜色无误后，勾选确认购买的商品，并单击右下角的"结算"按钮，如图 8-6 所示。

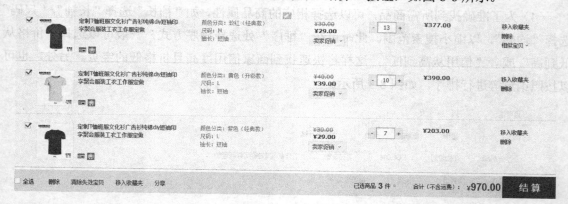

》图 8-6 商品结算

（8）进入支付宝付款页面，付款方式选择"储蓄卡"，选择相应的银行，并登录到网上银行进行付款。

（9）此时可在"我的淘宝"→"已买到的宝贝"中找到相应订单，并单击"查看物流"超链接，追踪货物的运输情况。一般卖家发货之后等待几天，物流会把购买的商品送到所填写的详细地址，查看商品并签收后，单击"确认收货"按钮，进行付款。单击"订单详情"超链接，可看到如图 8-7 所示的当前订单的交易状态。

》图 8-7 交易状态

（10）交易完成后，评价对方，如果觉得各方面不错就给对方评价→好评→输入评价内容→店铺评分→确认提交，店铺评分和信用评价生成，等待对方评价后交易成功，如图 8-8 所示。

» 图 8-8　双方互评

 **网络课堂**

1.　电子商务交易模式

（1）B2B（Business To Business），是互联网市场领域的一种，是企业对企业之间的营销关系。它将企业内部网，通过 B2B 网站与客户紧密结合起来，通过网络的快速反应，为客户提供更好的服务，从而促进企业的业务发展（Business Development）。

（2）B2C 是英文 Business-to-Customer（商家对顾客）的缩写，而其中文简称为"商对客"。"商对客"是电子商务的一种模式，也就是通常说的商业零售，直接面向消费者销售产品和服务。这种形式的电子商务一般以网络零售业为主，主要借助于互联网开展在线销售活动。B2C 即企业通过互联网为消费者提供一个新型的购物环境——网上商店，消费者通过网络在网上购物、在网上支付。这种模式节省了客户和企业的时间和空间，大大提高了交易效率，特别是对于工作忙碌的上班族，这种模式可以为其节省宝贵的时间。

（3）C2C 实际上是电子商务的专业用语，是个人与个人之间的电子商务。C2C 即消费者间，因为英文中 2 的发音同 to，所以 C to C 简写为 C2C。C 指的是消费者，因为消费者的英文单词是 Consumer，所以简写为 C，而 C2C 即 Consumer to Consumer。

2.　快递网络查询

（1）快递查询网站。

快递查询在惯用说法上主要是指快递查询跟踪服务；在广义上则是指快递查询服务从技术到实现的整个过程。快递用户持快递公司邮单号，进入快递查询综合网站或者快递公司官方网站，对包裹快递过程进行跟踪。

除了可以在相关快递公司官网上查询外，还可以在像"快递查询"这样的专业快递综合查询网站上查询，如快递之家（http://www.kiees.cn/）、快速 100（http://www.kuaidi100.com/）等。

（2）快递官网查询。

快递官网查询即通过相应的快递公司的官网对快件进行跟踪，相关信息可以直接通过快递回执上的条形码进行查询，下面列举几个主要物流公司的官方网址。

- 中国邮政速递：http://www.ems.com.cn/。
- 申通快递：http://www.sto.cn/。
- 中通快递：http://www.zto.cn/。
- 韵达快递：http://www.yundaex.com/。
- 顺丰速运：http://www.sf-express.com/us/sc/。

 **相关链接**

其他购物网站

1. 当当网

当当网（http://www.dangdang.com/）成立于 1999 年 11 月，以图书零售起家，已发展成为领先的在线零售商、中国最大图书零售商、高速增长的百货业务和第三方招商平台。当当网致力于为用户提供一流的一站式购物体验，在线销售的商品包括图书音像、服装、孕婴童、家居、美妆和 3C 数码等几十个大类，注册用户遍及全国 31 个省、自治区和直辖市。当当网是中国第一家完全基于线上业务并上市的 B2C 网上商城。

由于当当网以图书零售为主，因此是正版图书的购买首选，以手机版为例，在首页中单击"图书"按钮，即可进入如图 8-9 左图所示的当当书城。

※ 图 8-9　当当书城和京东商城

2. 京东商城

京东商城（http://www.jd.com/）是中国 B2C 市场最大的 3C 网购专业平台，是中国电子商务领域受消费者欢迎和具有影响力的电子商务网站之一。相较于同类电子商务网站，京东商城拥有更为丰富的商品种类，并凭借更具竞争力的价格和逐渐完善的物流配送体系等各项优势，取得市场占有率多年稳居行业首位的骄人成绩。京东商城将信息部门、物流部门和销售部门垂直整合。在物流配送方面，能够使用京东自营快递的，则使用京东自营快递。图 8-9 右图为手机版京东首页。

3. 1 号店

2008 年 7 月 11 日，1 号店（http://www.yhd.com/）正式上线，开创了中国电子商务行业"网上超市"的先河。公司独立研发出多套具有国际领先水平的电子商务管理系统并拥有多项专利和软件著作权，同时在系统平台、采购、仓储、配送、和客户关系管理等方面大力投入，打造自身的核心竞争力。以确保高质量的商品能以低成本、快速度、高效率的流通，让顾客充分享受全新的生活方式和实惠方便的购物体验。

另外比较知名的购物网站如表 8-1 所示：

表 8-1 比较知名的购物网站

名 称	图 标	网站详情
唯品会 （广州唯品会信息科技有限公司）	唯品会 vip.com	http://www.vip.com，专注特卖的 B2C 网购平台，领先的名牌时尚折扣网，极具价值的电子商务企业，融入了 SNS 模式的新型网购网站
苏宁易购 （苏宁云商集团股份有限公司）	苏宁易购 suning.com	http://www.suning.com，苏宁云商旗下领先的 B2C 网上购物平台，国内较大的数码家电类购物与咨询的 B2C 网站
Amazon 亚马逊 （美国亚马逊公司）	亚马逊 amazon.cn	http://www.amazon.cn，创立于 1995 年，全球商品品种最多的网上零售商，财富 500 强公司，全球最大的电子商务公司之一
聚美优品 （北京创锐文化传媒有限公司）	聚美优品 JUMEI.COM	http://www.jumei.com，国内较大的化妆品限时特卖商城，首创化妆品团购模式，打造简单、有趣/值得信赖的 B2C 网站
国美在线 GOME （国美控股集团有限公司）	GOME .COM.CN 国美在线	http://www.gome.com.cn，国美电器官方网上商城，国内知名的 B2C 跨品类综合性购物网，大型专业网购平台，国美电器集团

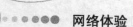
 手机在线

淘宝网手机版

淘宝网手机版可实现手机购物、付款、确认收货等多项功能。下载淘宝客户端App后，单击"我的淘宝"图标，输入账户信息进行登录。

（1）在淘宝的手机版首页中，可以看到"天猫""聚划算""天猫国际""外卖""充值中心"和"旅行"等图标，如图8-10左图所示。

（2）单击首页中的"分类"图标，可打开如图8-10右图所示的"商品分类"界面，按照自己的选购喜好进行购物。

 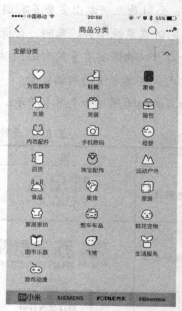

>> 图8-10　淘宝网手机版

（3）对于自己喜欢的宝贝，可采取与计算机版相同的方式，加入购物车进行对比，或者单击"直接购买"按钮，如购买台灯，选择宝贝后可以在购物车中查看，同时手机版的购物车与计算机版同步，如图8-11左图所示。

（4）手机版淘宝支持查看账户信息，登录后单击"我的淘宝"图标，可以看到"待付款""待发货""待收货"及"待评价"信息，如图8-11右图所示，只需单击相应选项，即可实现手机付款、查看物流、收货、评价等基本功能。

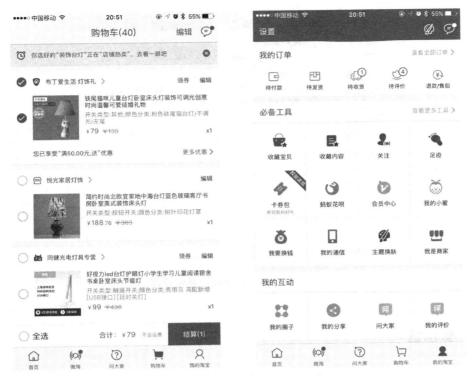

※ 图 8-11　淘宝购物车和"我的淘宝"

文明上网小贴士

了解并使用阿里旺旺

阿里旺旺是目前淘宝网上使用即时通信的官方软件，买卖双方可以很方便地进行交流，保存的聊天记录还可以作为日后交易纠纷的证明，降低双方的交易风险。

（1）阿里旺旺分为买家版和卖家版，以个人用户沟通交流来说，建议选用买家版。在浏览器地址中输入"http://wangwang.taobao.com/"，从买家用户入口进入。

（2）在打开的页面中单击"立即下载"按钮，下载后根据提示，阅读用户使用协议，安装阿里旺旺至计算机中。

（3）使用淘宝账户登录阿里旺旺，即可与卖家进行安全有效的沟通了。注意不要轻信别人发来的链接，也不要使用其他聊天工具，淘宝网只视阿里旺旺聊天凭证为有效证据。

（4）要注意对阿里旺旺应进行相应的设置，点开左下角的 ⚙ 图标，弹出"系统设置"对话框，在"安全设置"→"防骚扰"中勾选相应信息，如图 8-12 所示。

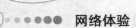

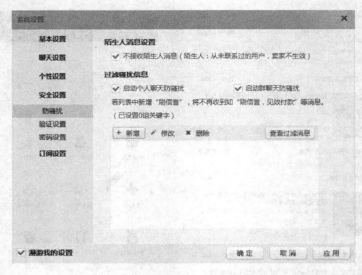

>> 图 8-12 阿里旺旺系统设置

 **警示窗**

警惕"淘宝"购物诈骗

随着网购的方便、快捷,淘宝网已成为广大网民购物的首选方式。但利用淘宝购物的诈骗案件也接连发生。

1. 简要案情

(1)1月5日,吕某在网购交易过程中,发现支付宝中的货款被直接付给卖家,第二天发现店铺都空了,也联系不到卖家,打电话给淘宝客服查询后,发现卖家账号被盗,钱款被骗,损失人民币1000余元。

(2)1月6日11时许,李某登录淘宝网购买羽绒服,与卖家谈好价格为500余元。在付款过程中,该网店老板谎称页面升级,无法支付,建议换个页面。随后,发送了一个页面给李某。在李某付款后,账号内的存款被划走人民币1900余元。

(3)1月7日中午,张某在淘宝网选购商品,在与店方QQ联系过程中,对方以钱被冻结无法支付为借口,让张某多次输入银行卡号及密码。后黄某发现银行卡被盗刷22000余元。

(4)1月2日中午,受害人在淘宝网上浏览网页,看到一家网店的联系方式,即与对方客服QQ联系,并分3次共计汇款8000元到对方卡上。后对方不仅不发货,还要求继续汇款,受害人方才发觉被骗。

2. 作案手段的特点

不法分子通过淘宝网站发布虚假的商品销售信息,并在交谈过程中给人以物美价廉、诚实

信用的印象，一旦当事人决定购买，与对方联系后，不法分子便编造系统问题、页面升级等各种理由，发送虚假支付网址给受害人，骗取受害人汇款，或利用木马等程序骗取受害人的银行卡账号和密码，再转走卡内钱款。

3．防范措施

（1）加强防范宣传。网购一般不存在"卡单"等异常现象，网民要提高自我防范意识，尽量使用专门的网购聊天工具，不要使用没有拦截钓鱼功能的聊天工具；尽量避免使用网上银行或利用 ATM 机直接汇款的方式，严格按照淘宝网的流程交易，从源头上减少被骗可能性。

（2）加强网络监管力度。购物网站管理部门要加强对网上开店资格审查、异常信息的监控，防止网民被骗。

（资料来源：江都论坛）

任务2 随时团，享优惠

任务描述

某位同学想去看最新的电影，发现团购网站上的价格便宜，而且可以直接选座，免去排队烦恼，于是注册了美团网账号，查看当地的团购信息，并购买和消费该电影票。

任务解析

（1）登录美团网（http://www.meituan.com/），可以看到左侧的分类列表中包括美食、酒店、电影、娱乐、生活服务类、购物、旅游等，而右侧显示区域及商圈选项，如图 8-13 所示。

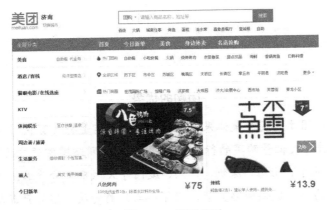

》 图 8-13 美团首页

（2）注册美团账号，也可使用合作网站登录，如 QQ 号、新浪微博账号等，选择需绑定的手机号。

（3）使用新注册的账号进行登录。首先选择类别，在首页的左侧列表中选择"电影"，进入相应页面，此时选中影院的位置，查看影片排片表。另外，美团还支持在线选座，如图 8-14 所示，选择影片场次后，可继续进行座位选择，勾选相应位置即可。

》图 8-14　选座购票

（4）选购到合适的电影票后，单击"付款"按钮，付款前注意查看相应提示，如图 8-15 所示。确认无误后提交订单，网站会发送团购密码至用户手机，顾客可凭手机验证消费或者在"我的美团"→"我的订单"中查看订单详情，打印消费券，到店消费或者兑换即可。

》图 8-15　确认付款

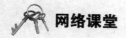

网络课堂

团购的优势

团购也叫集采，是团体购买和集体采购的简称，其实质是将具有相同购买意向的零散消费者集合起来，向厂商进行大批量购买的行为。据了解，目前网络团购的主力军是年龄在 25 岁～35 岁的年轻群体，在北京、上海、深圳、广州、厦门等大城市十分普遍。网友们一起消费、集体维权。同时团购网的公司提供网络监督，确保参与厂商资质，监督产品质量和售后服务。

网络团购改变了传统消费的游戏规则。团购最核心的优势体现在商品价格更为优惠上。根据团购的人数和订购产品的数量，消费者一般能得到 5%～40%不等的优惠幅度。参加团购有以下几个优势。

- 省钱。凭借网络，将有相同购买意向的会员组织起来，用大订单的方式减少购销环节，厂商将节约的销售成本直接让利，消费者可以享受到让利后的最优惠价格。
- 省时。团购网所提供的团购商家均是其领域中的知名品牌，且所有供货商均为厂家或本地的总代理商，透过本网站指引"一站式"最低价购物，避免自己东奔西跑选购、砍价的麻烦，节省时间、节省精力。
- 省心。通过团购，不但省钱和省时，而且消费者在购买和服务过程中占据的是一个相对主动的地位，能享受到更好的服务。同时，在出现质量或服务纠纷时，更可以采用集体维权的形式，使问题以更有利于消费者的方式解决。

另外，因为是团体购买，所以还可以在网上网下通过购物会友，交流消费信息和购物心得，增益生活情趣，提高生活品质。

相关链接

团购知名网站

1. 百度糯米

百度糯米（http://www.nuomi.com/）是百度公司旗下连接本地生活服务的平台，是百度三大 O2O 产品之一。其前身是人人旗下的糯米网。百度糯米汇集了美食、电影、酒店、休闲娱乐、旅游、到家服务等众多生活服务的相关产品，并先后接入百度外卖、去哪儿网资源，一站式解决吃喝玩乐相关的所有问题，逐渐完善了百度糯米 O2O 的生态布局。

2. 拉手网

拉手网（http://www.lashou.com/）是全球首家 Groupon 与 Foursquare（团购+签到）相结合的团购网站。于 2010 年 3 月 18 日成立，是中国内地最大的团购网站之一，开通服务城市超过 400 座，2010 年的交易额接近 10 亿元。拉手网每天推出一款超低价精品团购，使参加团购的用户以极具诱惑力的折扣价格享受优质服务。拉手网络技术有限公司是中国最大的 3G 手机应用平台开发商，成功地打造了拉手音乐、拉手离线地图、拉手新闻订阅、拉手开心生活、拉手转换王等一线 iPhone 软件产品。

未来将出现自助式的团购服务，允许本地商户创建一个类似于 Facebook 的商店账户，用户可以关注这些账户并完成交易。这些商户可以添加自己的交易，绕过团购网站在每个城市团购交易的长时间排队等候。现在做团购平台的，很多都是做实体餐饮、娱乐等服务的团购，平台审核过程提交时间比较长，很多商家得不到推广，自助平台的开放类似淘宝商城，百花齐放，各显神通。

未来，团购导航将实现社区及地理信息系统的整合，并可能会出现C-B的团购模式。

 手机在线

聚划算——惠生活，聚精彩

聚划算手机版中包括今日团购、生活团购、品牌团购等信息，如图 8-16 所示。可利用手机秒杀自己喜爱的商品，方便快捷。

商品团购类目包括女装、男装、鞋包、运动、美妆、内衣饰品、食品、电器、数码、家居等。

>> 图 8-16　手机聚划算

使用淘宝账号登录聚划算，在"我的账户"中可查看个人信息，包括特别关注、浏览历史、预下单订单、管理收货地址等。

 文明上网小贴士

如何避免团购风险

作为一种新兴的消费方式，网络团购目前还没有相关的规则来约束它，因此，诈骗案也屡见不鲜。网络团购作为一种消费方式，消费者在选择网络团购以博取价格优惠的同时，更应该全面考虑，对于交易要小心谨慎。

网络团购目前存在着一些陷阱。例如，建材、家具等行业的产品价格缺乏透明度，有的商家暗地里拉高标价再打折，这样消费者就很被动。现在有的网络团购很多是由隐藏在背后的商家发起的，这样的团购其实就是促销。

此外，网络团购还存在售后服务不完善等问题。因此，消费者在参与网络团购，尤其是购买一些大件商品时，一定要咨询律师或其他相关人士，以避免不必要的麻烦。消费者还要关注商家的专业水平、售后服务等信息。参加团购时，避免将钱款交付给代购者。

网络团购毕竟只是出于某一特定目的而临时组织的松散团体，现实中，团购者交易成功后就分散了，售后一旦出现纠纷，往往难以再组织起来，这给消费者日后的维权行动带来困难。因此，网络团购的参与者还应该想办法签订团购协议来规避各种风险。

为了确保购物安全，消费者在选择团购博取优惠价格的同时，对团购平台的选择也应该谨慎小心。选择专业、信誉高的平台发起团购，或参加团购，既可以提高网购安全系数，团购产品的质量及售后服务也能有所保障。

 **警示窗**

团购要谨慎

2013年2月，南昌市民张小姐在某团购网上以45元的价格团购了一瓶"百草集"护肤霜，该款产品在市场上的价格是180元，网上的价格仅是市场价的1/4。"因为看网上便宜，又有这么多人同时购买，再加上网上卖家保证是正品，所以就相信了。结果用了不到一星期，脸上就起了小疱疹，到医院检查说是化学成分过多，导致皮肤过敏。"而一位名叫小齐的消费者投诉说："原来参加过一个团购理发，结果剪到一半的时候，理发店居然不剪了，说团购有时间限制，要剪完，就要再收钱，真想不到，团购有这么多陷阱。"

对于目前团购市场混乱的场面，团购者应如何维护自己的权益？江西洪城律师事务所的李律师表示，如果一味地求便宜，就有可能存在假冒伪劣的可能性，如果价格与市场偏离，消费者应该有这方面的甄别能力。

（资料来源：团800资讯网）

思考与讨论

1．"经常看到有人在网上购物被骗，所以使用网上银行不安全"，这种说法对吗？

2．我们再享受购物网站及团购网站带给我们便利的同时，应该如何保障自己作为消费者的权益？

3．如果有店主告诉你，阿里旺旺不方便联系，想通过 QQ 联系，那么聊天记录还有法律效应吗？

体验 9 网上预订，方便快捷

任务 1  火车票预订，认准 12306

任务描述

某同学要从北京去重庆，为节省时间，该同学注册了 12306 账号，并利用网银支付，顺利购得火车票。

任务解析

（1）登录中国铁路客户服务中心（http://www.12306.cn/mormhweb/），打开如图 9-1 所示的 12306 主页，单击左侧列表中的"网上购票用户注册"按钮，进入注册页面。

（2）在注册页面中依次填写用户名、密码、姓名等信息，填写正确有效的联系方式。此时仔细阅读中国铁路客户服务中心网站的服务条款，并勾选"我已阅读并同意遵守《中国铁路客户服务中心网站服务条款》"复选框，单击"下一步"按钮提交注册信息，如图 9-2 所示。

» 图 9-1   12306 主页

* 用户名:	用户名设置成功后不可修改	6-30位字母、数字或"_",字母开头
* 登录密码:	6-20位字母、数字或符号	
* 确认密码:	再次输入您的登录密码	
* 姓名:	请输入姓名	姓名填写规则
* 证件类型:	二代身份证 ▼	
* 证件号码:	请输入您的证件号码	
邮箱:	请正确填写邮箱地址	
* 手机号码:	请输入您的手机号码	请正确填写手机号码,稍后将向该手机号码发送短信验证码
* 旅客类型:	成人 ▼	

☑ 我已阅读并同意遵守《中国铁路客户服务中心网站服务条款》

下一步

» 图 9-2   注册时的必填信息

　　(3) 12306 主要提供了网上购票、用户注册、进行购票/预约、退票、余票查询、旅客列车时刻表查询、旅客列车正晚点查询、票价查询、客票代售点查询、客运营业站点等针对个人用户的服务。

　　(4) 在 12306 主页上单击"登录"按钮,输入账号和密码,进入"我的 12306",选择"车票预订"标签。在车票查询中输入出发地和目的地,选择出发日期,单击"查询"按钮,也可根据自己的出发时间和出行需求选择更详细的内容,以便进行更精确的查找。图 9-3 所示的是查询 4 月 6 日出发从北京西至重庆的所有动车和高铁。

》 图9-3　车票查询

（5）选定合适的车次后，单击"预订"按钮，查看价格并填写乘车人信息，单击"提交订单"按钮，如图9-4所示。订单提交以后，席位将被锁定，请在45分钟内完成付款，单击"网上支付"按钮，跳转入付款页面，跳转至相应网上银行，进行付款。

》 图9-4　预订窗口

（6）直接凭购票时所使用的乘车人有效二代居民身份证原件到车站售票窗口、铁路客票代售点或车站自动售票机上办理换票，也可以在车站自动售票机取票。

 **网络课堂**

网上购票的常见问题

（1）在网站如何办理改签。

在12306网站改签时，新票与原票的发、到站必须为相同车站或同城车站，可改签项包括日期、车次和席别，票种不允许改签，且须不晚于开车前2小时，否则须到车站售票窗口办理。

（2）在网站购票成功，在窗口取票时系统提示错误。

产生这种情况，主要原因是在网上购票时，订票人将乘车人的有效证件号码输入错误，或者在购买儿童票时，使用儿童户口簿上的身份证号码，但取票时，使用了成人身份证件。遇有上述情况时，请到车站售票厅值班主任窗口办理。

（3）改签时，扣款成功但改签不成功。

可能是由于支付时间过长、银行系统故障、网络传送不及时等原因造成的。遇到这一问题时，首先，请确认车票是否改签成功。其次，请正确填写互联网购票重复支付信息表，将表格以附件方式发送邮件至 kyfw@12306.cn。下次购票时，请耐心等待网站回应，不要多次重复改签，切勿多次单击支付。

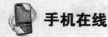 **手机在线**

12306 手机客户端

铁道部于 2013 年 12 月 7 日正式发布了 12306 购票网站客户端，该软件目前提供"车票预订""订单查询""我的 12306" 3 个项目，如图 9-5 左图所示。

在首页中包括了"正晚点""温馨服务""起售时间""约车"等选项。输入出发地和目的地，选择出行时间，以及车次类型，单击"查询"按钮即可，同时软件还有添加乘客选项，旅客可以为多名旅客同时订票。

此外，如图 9-5 右图所示，"我的 12306"还提供了"出行向导""温馨服务""信息服务"等模块，只要提前填好信息，订票时可直接提取，不用重复输入，用户名与网页版通用，购票体验与网页版并无太大差别。

>> 图 9-5　12306 手机版主页

 文明上网小贴士

网购火车票攻略

为帮助大家高效订票，避免被骗，下面列举出网购火车票攻略，仅供参考。

（1）电话订票，记住全国统一订票电话：长途区号+12306，上海铁路局的电话为 95105105。

（2）搜索"售票处电话""××火车票售票处电话"实为高危动作，最易掉进骗子的陷阱。

因骗子非常擅长互联网营销方式，使用高危关键字搜索，非常容易掉进骗子在百度贴吧、知道、搜搜问问里预留的陷阱。

一些以 95013 开头、0086 开头的电话，100%是骗子留下的私人电话。可以搜索一下这些电话号码，你会发现这些骗子不仅卖火车票，还会发布租房、卖房之类的广告。

（3）网上订票：正规网站一般支持网银或支付宝在线支付，或者采用货到付款。而让你去 ATM 机给个人账号付款的，一定是骗子。金山毒霸会帮助鉴别假火车票预订网站，如果发现金山毒霸提示这是钓鱼网站，应立刻关闭网页停止交易。

（4）特别警惕跳蚤市场车票转让信息，骗子或"黄牛"会利用这些网站发布火车票信息。如果是上门取票，骗子还会让你带两个人，一个人取票，一个人汇款，骗子再用软件修改手机号和你联系。当看到是自己人的手机号告知已取到票时，被骗者就会在 ATM 机上完成付款。

任务 2　酒店预订——携程、途牛

任务描述

某同学想去参加自由行，为了节省时间，需要在网上预订酒店和机票，了解景点和门票等信息。

任务解析

（1）登录携程旅行网（http://www.ctrip.com/），如图 9-6 所示，网站主要提供了酒店、旅游、机票和火车票购买等信息。

※ 图 9-6　携程旅行网

（2）单击页面右上角的"注册"按钮，打开新用户注册页面，有两种方式，邮箱注册和手机注册，在此我们选择手机注册。如图9-7所示，输入手机号和登录密码，并填写验证码，如需更多服务，可选择同意服务条款并注册。

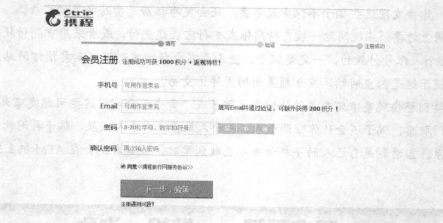

》 图9-7 利用手机注册

（3）携程旅行的功能齐全，有天气预报、火车查询、用车服务、电子地图、航班时刻、低价机票、会展信息等。

（4）进入酒店预订页面，选择（或填写）需要预订酒店的所在城市、入住日期、离店日期后，单击"查询"按钮，系统将显示符合查询条件的酒店信息。根据需要，也可以对酒店名称、房价范围、酒店位置、酒店类型等进行筛选。

（5）在选择酒店页面，可以看到多家酒店的位置、客户点评等信息，如图9-8所示。了解基本情况后，可单击房价下方的"查看详情"按钮了解酒店的具体信息。当选择到合适的位置和房间时，单击"立即预订"按钮进入填写预订单页面。填写预订单时，请务必仔细阅读"酒店特别提示"信息。完整填写入住信息及联络信息（有红色*的为必填项）后，单击"下一步"按钮，如图9-9所示。

（6）提交订单。在"核对预订单信息"页面再次核对预订信息，若确认无误，填写其他信息和联系信息，单击"同意以下条款，去支付"按钮，完成预订。

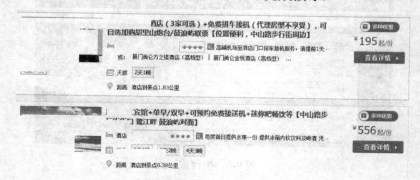

》 图9-8 筛选酒店信息

（7）查询航班。进入国内机票预订页面，选择航程类型，填写出发城市、达到城市、送票城市、出发日期、乘客人数等信息后，单击"查询并预订"按钮，系统将显示符合搜索条件的航班信息，如图 9-10 所示。根据需要，也可以对航班的出发时间、舱位等级、航空公司等进行筛选。

（8）填写出票时间、配送方式、支付方式，单击"下一步"按钮。核对之前填写的预订信息，如准确无误，单击"提交"按钮，然后核对订单，并确认订单后完成预订。

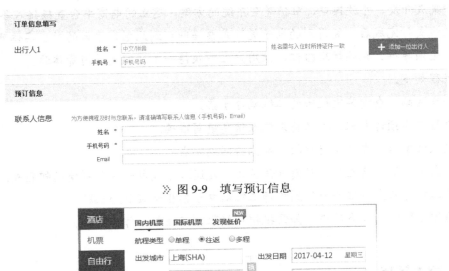

》 图 9-9 填写预订信息

》 图 9-10 国内机票查询

（11）如订单使用信用卡支付，需要填写相应信用卡信息，包括信用卡卡种、卡号、信用卡有效期、持卡人姓名、持卡人有效证件类型、持卡人有效证件号码、验证码等。填写完整后单击"提交"按钮完成支付即可。

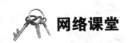 **网络课堂**

二维码票务

二维码电子票也称电子客票，是纸质机票的电子形式，是一种电子号码记录，二维码电子票将票面信息存储在订座系统中，可以像纸票一样执行出票、作废、退票、换开、改转签等操作。二维码电子票依托现代信息技术，实现无纸化、电子化的订票、结账和办理乘机手续等全过程。对于旅客来讲，它的使用与传统纸质机票并无差别。

二维码，又称二维条码，最早起源于日本，它是用特定的几何图形按一定规律在平面（二维方向）上分布的黑白相间的图形，是所有信息数据的一把钥匙。在现代商业活动中，可实现的应用十分广泛，如产品防伪/溯源、广告推送、网站链接、数据下载、商品交易、定位/导航、电子凭证、车辆管理、信息传递、名片交流、Wi-Fi共同享等。

传统票务系统升级为电子票务系统的商家和代理商，为合作者提供了从网络电商平台搭建、软硬件集成开发、开放接口、维护等全系统的方案，建立的电商平台直接接入各种网银平台，用户在线支付完成后，凭得到的电子凭证或票据即可到此电商平台的对应实体商家消费，无须排队、无须等待、无须烦琐验证，让用户立即获得一系列完美的消费体验。

使用流程如下。

- 登录网站，查询某次航班的二维码电子票。
- 填写机票预订内容，务必将乘机人信息填写准确。
- 确认订单后，在线支付票款，在银行网站完成。
- "客服人员"将在半小时内电话核实，发送二维码电子票号到您的邮箱或者手机上。
- 旅客持有效身份证件原件到机场二维码电子票柜台领取登机牌。
- 通过安检顺利搭乘航班。如需报销可领取"行程单"作为凭证。

 相关链接

要旅游，找途牛

途牛旅游网是中国专业的休闲旅游预订平台，提供百余个城市出发的旅游产品预订服务，包括跟团游、自助游、自驾、邮轮、机票、火车票、酒店、门票等，产品全面。

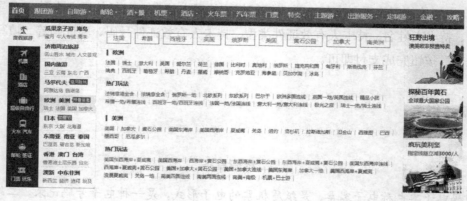

≫ 图9-11　途牛网首页

（1）途牛网首页如图 9-11 所示，可为旅行者提供旅游攻略和旅游图片，如在"攻略"菜单中，可以看到网友们上传的各地旅游详尽说明，也可以创建属于自己的旅行攻略，添加适合的景点，网站会进行行程安排。

（2）在"门票"菜单中可看到全国各地的特价门票，如图 9-12 所示。选择适合自己的目的地，并进行门票筛选，提前预订，安全且省时省力。

※ 图3-46　网上预订门票

（3）预订流程：确认需买票后，单击进入网上银行付款。付款成功后，系统自动发送验证短信，凭短信到景区服务中心验证后凭验证小票在售票口换票即可。

退票说明：有效期内未消费可全额退款，已消费或者超过有效期概不退款。景区遇不可抗力因素，游客到景区验证时景区工作人员会告知游客。

 手机在线

蚂蜂窝自由行

蚂蜂窝自由行 App 是由蚂蜂窝旅行网开发的一款一站式自由行移动端软件，主要提供海量、实时的旅游攻略、游记、旅游点评、旅游问答等旅游资讯。用户可在旅途中轻松预订酒店、交通、当地游等自由行产品及服务。蚂蜂窝自由行 App 已覆盖全球热门旅游目的地。

在 App 商店下载客户端，可打开如图 9-13 左图所示的客户端，其首页的特色功能如"酒店"可以查看附近酒店、进行机票预订，"问达人"功能可以向旅行达人求助。

"嗡嗡"是蚂蜂窝的特色，其中包含同在附近游玩的网友提供的图片和帮助信息，为自由行用户提供贴心服务。

蚂蜂窝自由行的特点是不仅提供了常用的旅行功能，更有网友的攻略分享，可查看用户的亲身自由行经历，如图 9-14 右图所示，攻略真实有用，并可离线使用。

>> 图 9-13　蚂蜂窝自由行 App

　文明上网小贴士

身份证签注防止被盗

网购火车票、机票等都需要身份证号，如 12306 网站必须使用身份证号注册，而且只可注册一次。若注册账号时系统提示该身份证号已注册，说明身份信息已被盗用。

日常生活中有时难免要将身份证复印件交予他人，如购车、买保险、办理各种缴费卡或存折等等，但将身份证复印件交付他人时，是否将复印件进行了标注，以防止身份证复印件被不法分子非法利用呢？下面介绍一种身份证复印件的正确签注写法，供大家参考。

以申请基金业务为例，身份证复印件的签注写法如下。

分 3 行：

仅提供××银行＿＿＿＿＿＿＿＿＿＿

申请××基金扣账＿＿＿＿＿＿＿＿＿

他用无效＿＿＿＿＿＿＿＿＿＿＿＿＿

用蓝色圆珠笔书写，部分笔画与身份证的字交叉或接触，每一行后面一定要画上横线，以免被偷加其他文字。

无论是信用卡、基金还是手机申请书，只要须附身份证复印件的，一律照办，政府的表格

也一样，另外，申请书尚未填写的空格，如：附卡申请，加买保险，加买第二只基金，申请手机号等，这些空下的字段都必须画叉叉，以免被不法者补填。

身份证复印件适当签注很有必要，而且签注文字一定要签在身份证的范围内，但不要遮住身份证号码及姓名等重要信息。

 **警示窗**

二维码不能随便扫

2013年3月18日，重庆晨报报道了一则新闻："前几天扫二维码参加了一个'免费抽奖'活动，可是这几天我才发现被扣了50多元的话费。"市民张女士说，她在扫描二维码时被"吸费"。据了解，扫描二维码后话费莫名减少的事情并不是个例。

1. 扫描二维码可能染病毒

目前，二维码在购物、查询信息等方面越来越被广泛运用，甚至街头小广告也用上了二维码。

但借助二维码传播恶意网址、发布手机病毒等不法活动也逐渐增多。很多消费者的好奇心强，喜欢拿着手机随便扫描广告单、网页上的二维码。殊不知，若二维码应用中染有病毒，不仅会消耗上网流量，有时还会引起死机、恶意扣费等，甚至还可能窃取消费者的手机通讯录、银行卡号等隐私信息。

最好在手机上安装一个二维码检测工具，该工具会自动检测二维码中是否包含恶意网站、手机木马或恶意软件的下载链接等安全威胁。市民对来历不明的二维码，特别是路边广告、广告宣传单、不明网站的二维码，不要盲目扫描。

2. 二维码生成简单，无人监管

二维码之所以会发生恶意吸费、诈骗等行为，主要是由于其生成方式简单，内容无人监管。目前网络上有大量的二维码软件、在线生成器，方便了人们制作二维码，几乎不存在制作门槛，也为手机木马或恶意软件制造者打开了方便之门。

不法分子会将带有病毒或带插件的网址生成一个二维码，对外宣称为优惠券、软件或视频等，以诱导用户进行扫描。而这种专门针对手机上网用户的诈骗手段，多是采用强制下载、安装应用软件等手段，达到获取推广费用或恶意扣费的目的。

思考与讨论

1. 在网上购买火车票、机票应该注意哪些问题？

2. 某人向 A 同学借取身份证和复印件，承诺只办手机卡，绝不做它用。A 同学痛快地答应了，并将自己的身份证和复印件都交给了对方。请问：这种做法对吗？应该采取什么正确措施保障自己的身份和财产安全呢？

体验 10　网络阅读，充实自己

任务　在网络书海中畅游

任务描述

以网易云阅读网站为例，介绍如何在网上阅读经典著作、原创文学等作品，并学会设置书签、网上藏书等辅助阅读的方法。

任务解析

（1）在浏览器地址栏中输入"http://yuedu.163.com"，打开网易云阅读网站，如图 10-1 所示。

（2）如果没有网易通行证（网易邮箱就是通行证），单击右上角的"注册"按钮，进入网易通行证注册页面，选择"邮箱账号注册"或"手机账号注册"进行注册，获得网易通行证。

（3）获得通行证后，选择右上角"登录"下拉列表中的"网易通行证登录"选项，在弹出

的"网易邮箱登录"对话框中输入网易邮箱和密码，单击"登录"按钮。也可使用手机号、新浪微博、腾讯微博、微信等登录，如图10-2所示。

》图10-1 网易云阅读首页

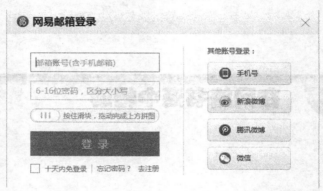

》图10-2 网易云阅读登录对话框

（4）网页的上方是网易云阅读网站的标签，如图10-3所示。选择"出版图书"标签，进入图书栏目页面。

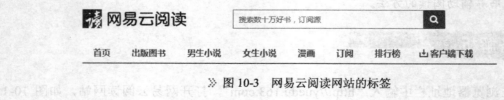

》图10-3 网易云阅读网站的标签

（5）这个标签中的作品是一些已经存在的文学作品，经过电子扫描技术或人工输入等方式收入其中。看到自己喜欢的书，单击书名或图书封面图，进入这本书的页面，如图10-4所示。

未来简史：从智人到神人

★★★★☆ (21人评分)

分　类：社会学
作　者：【以色列】尤瓦尔 赫拉利
字　数：31.5万
点　击：205.0万
授权方：中信出版集团股份有限公司　授权作品，不得转载
标　签：未来，尤瓦尔 赫拉利，人类史，社会学，思维，人类学，历史，科普

立即阅读　放入书架　📱在手机上阅读 ＜分享

内容简介

进入21世纪后，曾经长期威胁人类生存、发展的瘟疫、饥荒和战争已经被攻克，智人面临着新的待办议题：永生不老、幸福快乐和成为具有"神性"的人类。在解决这些新问题的过程中，科学技术的发展将颠覆我们很多当下认为无需佐证的"常识"，比如人文主义所推崇的自由意志将面临严峻挑战，机器将会代替人类做出更明智的选择。

≫ 图 10-4　图书简介页面

（6）为方便阅读，可单击"放入书架"按钮，将该书放入自己的书架。下次登录后，直接单击页面右上角的"我的书架"按钮，进入自己的书架页面，找到自己喜欢的书进行阅读。

（7）单击"阅读"按钮，进入阅读页面。单击页面右上角的"目录"按钮▤，弹出"目录"对话框，如图 10-5 所示，可查看作品目录。

≫ 图 10-5　作品目录

（8）单击页面右上角的"阅读方式"按钮◇，可在"上下滚动阅读"和"左右翻页阅读"两种方式之间切换。如果对作品的字体大小不满意，单击"字号"按钮AA，从中选择适合自己阅读的字号。

（9）在每个页面的右下角，会有该页的页码，以百分数显示，如"10.3%"。阅读时，单击页面右上角的"跳转"按钮▤，在弹出的对话框中输入要跳转的页码，单击"确定"按钮，可直接跳转到要阅读的页面。

（10）使用"书签"，会更方便地找到自己要阅读的页。每次阅读结束后，单击页面右上角的"书签"按钮 ，在弹出的对话框中单击"将本页加入书签"按钮。下次阅读时，单击"书签"按钮，在弹出的对话框中选择自己上次添加的书签，便可转到要阅读的页面。

（11）使用同样的方法，可以在"男生小说""女生小说"中阅读自己喜欢的原创网络文学，在"资讯"中了解一些杂志、报纸上的新鲜资讯。

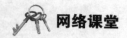

网络课堂

1. 网络文学

网络文学指新近产生的，以互联网为展示平台和传播媒介的，借助超文本链接和多媒体演绎等手段来表现的文学作品、类文学文本及含有一部分文学成分的网络艺术品。其中，以网络原创作品为主。

由于借助强大的网络媒介，网络文学具有多样性、互动性和知识产权保护困难的特点。其形式可以类似传统文学，也可以是博文、帖子等非传统文体。实时回复、实时评论和投票是网络文学的重要特征。网络文学传播的便捷性，导致知识产权不易受到保护。

网络文学分为三类样态：一类是已经存在的文学作品经过电子扫描技术或人工输入等方式进入互联网络；一类是直接在互联网络上"发表"的文学作品；还有一类是通过计算机创作或通过有关计算机软件生成的文学作品进入互联网络，如计算机小说《背叛》，以及几位作家、几十位作家甚至数百位网民共同创作的具有互联网络开放性特点的"接力小说"等。

网络文学与传统文学不是对立的两极，而是互相渗透的有机体系。不少传统文学通过电子化成为网络文学的一部分；网络文学的作者也都接受过传统文学的熏陶。同时，网络文学通过出版进入了传统文学领域；并依靠网络巨大的影响力，成为流行文化的重要组成部分，进而影响到传统文学。

人们通常所说的网络文学多是指在网上"发表"的文学作品，包括那些经过编辑登载在各类网络艺术刊物（电子报刊）上的作品，电子公告栏（BBS）上不经编辑、个人随意发表的文学作品，以及一些电子邮件（E-mail）中的文学作品。这种网络文学又被"榕树下"等网站称为"网络原创文学"。

2. 电子书

电子书是指将文字、图片、声音、影像等信息数字化的出版物。可以植入数字化文字、图片、声音、影像等内容，是集存储显示终端于一体的手持阅读器。人们所阅读的数字化出版物，区别于以纸张为载体的传统出版物。电子书通过数码方式记录在以光、电、磁为介质的设备中，必须借助于特定的设备来读取、复制和传输。

电子书的主要格式有 PDF、EXE、CHM、UMD、PDG、JAR、PDB、TXT、BRM 等，目前很多流行移动设备都具有电子书功能。电子书可支持于其阅读格式的手机终端，常见的电子书格式为 UMD、JAR、TXT 这 3 种。

随着移动阅读设备的广泛使用，目前很多人选择通过手机或平板电脑阅读电子书，如图 10-6 所示。

≫ 图 10-6　使用电子书

3. 电纸书——墨水屏阅读器

电纸书就是电子阅读器，是一种电子终端。

在一个充斥着由液晶、发光二极管和气体等离子制造的监视器和电子显示屏的世界中，也许不认为"电纸书"是一项革命性的显示技术，其实电子墨水是一种革新信息显示的新方法和技术。像传统墨水一样，电子墨水和改变它颜色的线路可以打印到许多物体的表面。在"电子纸"的表面就可以显示出如同印刷物的黑白图案和文字，看起来与纸张极为类似，在阳光下没有传统液晶显示的反光现象。同时只有画面颜色变化时（如从黑转到白）才耗电，关闭电源后显示屏上的画面仍可保留，因此非常省电。"电子纸"配合储存芯片能够装下整个图书馆。

当我们大量阅读书籍时，手机等电子设备的屏幕对眼睛的损伤极大，因为一般的平板显示器需要使用背光灯照亮像素。由于电子纸和普通纸一样可以反射环境光，电子墨水较之于传统计算机显示屏的优势是它容易阅读。电子墨水看起来更像印刷文字，阅读时使眼睛更加轻松。

目前电纸书的生产厂商比较多，市场占有率较高的有美国亚马逊的 Kindle 阅读器、日本索尼的 Sony Reader 等。国产品牌也有许多优秀的产品，如汉王、OPPO、欣博阅、清华同方、翰林、易狄欧、艾博克斯、福昕、易博士、万物青、爱国者、大唐等。

图 10-7 即为亚马逊 Kindle Voyage 阅读器标准版的精彩功能。

更多Kindle精彩功能

自定义设备语言

Kindle支持多种操作语言，您可轻松选择您适用的语言，包括简体中文、英文、西班牙语、葡萄牙语、法语、德语、意大利语，以及日语。

多语种阅读

Kindle可显示拉丁以及非拉丁字符，您可以轻松阅读多语种图书和文档。

管理您的图书馆

您可随心对Kindle图书馆进行分类管理，轻松找书。您在设备上创建的图书分类会自动同步到其他Kindle设备或者Kindle阅读软件。一本书可以同时放在不同分类里，让查找更便捷。

永久保存图书

您所有的从亚马逊获得的电子书都会自动备份在亚马逊云端存储空间，永无丢失之虞。通过无线网络您可随时免费重新下载。

» 图 10-7　Kindle Voyage 阅读器

相比手机阅读器，电纸书主要有以下优点。

- 节能环保：一次充电，电纸书可连续待机 15 天以上，无须天天充电。
- 保护视力：可长时间阅读，无闪烁，字号缩放自如，不伤眼睛。卷卷好书，尽情阅读。
- 强光可看：基于电子墨水技术的电子纸显示屏，可在阳光照射下不反光，使人充分体验户外阅读的乐趣。
- 无辐射：使用安全，避免一般电子类产品辐射对身体的侵害，是人们健康的阅读伴侣。
- 全视角阅读：高清晰度，接近纸张的显示效果，阅读视角可接近 180°。
- 超低功耗：独特的智能电源管理技术，可连续翻千页以上。
- 装进上衣口袋：整机重量轻，玲珑机身，轻巧便携，可随时放置在上衣口袋中，随时随地方便阅读。
- 可存千本图书：1GB 的存储卡可存储 5 亿文字，相当于近千套《三国演义》。

相关链接

常见的阅读类网站

1. 中青在线

中青在线（http://www.cyol.net），是首家市场化运作的中央新闻媒体网站，也是中国最大、最权威的集新闻发布和青年服务于一身的综合性青年类网站。其首页如图 10-8 所示。

》图 10-8　中青在线首页

2．起点中文网

起点中文网（http://www.qidian.com）是一家以发布娱乐文学为主的原创文学网站，是国内领先的原创文学门户网站，如图 10-9 所示。随着自身实力的不断增长，起点中文网在各方面均取得了不俗的成绩，曾先后获得过数博会"年度最佳品牌"奖、优秀网站评选"优秀传统企业"奖和"福布斯中国新锐媒体"大奖等多项荣誉。很多作品的单击率超过千万。

》图 10-9　起点中文网搜索

3．榕树下

作为网络中的最早文学类网站，榕树下（http://www.rongshuxia.com）的综合影响力，在万千文学青年心里，就是一座文学圣殿，几乎所有的网络写手都在那里发表过作品。时至今日，榕树下已经成为网络文学的代名词了。榕树下首页如图 10-10 所示。

》图 10-10　"榕树下"首页

4．铁血网

铁血网（http://www.tiexue.net/）由北京铁血科技有限责任公司运营，是中国最大的军事垂直门户，如图 10-11 所示。铁血网的主要产品包括全球最大、最负盛名的军事交流平台——铁血社区、原创网络小说平台——铁血读书。

》图 10-11　铁血网首页

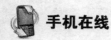

手机在线

手机听书——喜马拉雅 FM

喜马拉雅 FM 是国内音频分享平台，2013 年 3 月手机客户端上线，仅用了两年多时间手机用户规模就已突破 2 亿，成为国内发展最快、规模最大的在线移动音频分享平台。

喜马拉雅 FM 同时支持 iPhone、iPad、Android、Windows Phone、车载终端、台式计算机、笔记本等各类智能手机和智能终端。

喜马拉雅 FM 的使用说明如下。

以 iPhone 客户端为例，在 App 商店中搜索喜马拉雅 FM 并下载，可打开首页，根据个人听书习惯，软件会推荐相关专辑，并在首页设置热门、分类、榜单、主播等栏目，如图 10-12 左图所示。

（1）选择"分类"标签，可以看到软件提供了海量类别，可根据年龄、语种、爱好、听书内容等进行选择，如图 10-12 右图所示。

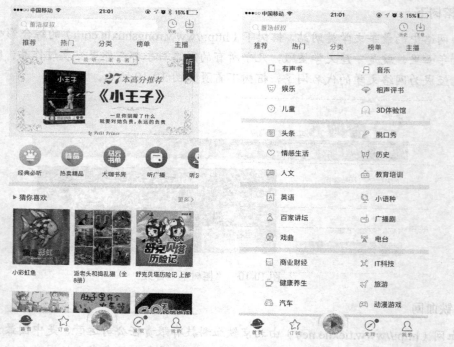

※ 图 10-12　喜马拉雅 FM

（2）选择"榜样"标签，可以看到软件节目排行榜，如图 10-13 左图所示。选择"主播"标签，可根据主播名称查看相应的节目专辑。选择文化名人，诗词大会解说人之一蒙曼老师，可打开她主播的专辑，如图 10-13 右图所示。

» 图 10-13　榜单和主播

（3）在专辑列表中选择"蒙曼免费福利专辑"，如图 10-14 左图所示，在列表中可以看到有声书列表。单击"播放"按钮 ▶ 可播放音频，单击"下载"按钮 ⬇ 可将声音保存至手机中，实现无流量随时听。单击"订阅"按钮 ☆订阅 可订制此专辑，方便查找。单击"批量下载"按钮 ⬇批量下载 则可以下载整张专辑。

（4）选择节目单击"播放"按钮后，窗口下方的圆形光盘开始转动，此时单击该图标可进入播放窗口，如图 10-14 右图所示，喜马拉雅 FM 提供了进度条、"后退"和"前进"按钮，也可以进行下载和收藏。考虑到版权问题，有一些声音需要付费才能收听完整版。

（5）单击首页的"发现"图标 发现，能发现更多内容，如付费精品、我读你听，也有方便交流的问答、听友圈，可观看直播，也可以查看软件发起的相关活动，如图 10-15 左图所示。

（6）单击首页的"我的"图标 我的，可进行个人账户管理，如图 10-15 右图所示。单击"开始录音"按钮 ● 开始录音 可以录制音频，添加背景音乐并上传。另外，还可以通过单击"订阅"按钮 ☆订阅 查看自己订阅的专辑，单击"历史"按钮 历史 列出播放历史，单击"下载"按钮 下载 则可以查看本机文件。

» 图 10-14 选择节目

» 图 10-15 "发现"和"我的"设置

 文明上网小贴士

网络阅读——甄别、选择更重要

网络的发展使我们能读的东西太多，因此，学会选择是关键。虽然网络作品容易被流传和阅读，但并不代表一定有价值。目前，网络文学作品鱼龙混杂。其中不乏精品，但是我们也会

看到这样的一些作品："小白文"，即作品很吸引眼球，内涵不用太丰富，读者很容易读懂；作品内容不现实，如一夜暴富、武艺高强、黑白通吃……只求合乎青少年的口味；作品中的色情、暴力情节多。这些作品对青少年的健康成长起不到好的引导作用。

青少年还不具备辨识能力，学业较重，阅读时间有限。因此，需要教师、家长给予一定的推荐引导，帮他们做好筛选。另外，青少年自身也要擦亮自己的眼睛，不仅要"多读书"，更要"读好书"。

　**警示窗**

中学生的"流行语"和"火星文"

——不要让网络文学动了传统文化

喜欢网络文学，热衷追剧，说着"萌萌哒"，写着"火星文"，这是当前很多学生的文化生活图景，它们与恶搞文化、热衷考证、狂热追星、时尚消费一起构成了风靡校园的流行文化。

通过问卷调研我们了解到，学生对网络文学的喜爱程度高于经典名著。

语言文化主要表现为校园盛行的流行语。校园流行语更多反映的是学生的生活状态和情绪变化，如"也是醉了""竟无言以对""好心塞""有钱就是任性""单身狗""主要看气质"等。而且流行语的产生几乎都和当时的某一流行事件相关，如 2016 年出现的"友谊的小船说翻就翻""洪荒之力""蓝瘦，香菇""吃瓜群众"等。

中学生正处于青春期向成年期过渡阶段，他们渴望独立，渴望依靠自己的力量得到他人的尊重、理解，所以特别在意群体对他们的评价、态度和接纳程度。虽然学生可以从校园流行文化中得到群体认同，但学生更需要从中华文化资源宝库中提炼题材、获取灵感、汲取养分，进而提高自身修养。

把中华优秀传统文化的有益思想、艺术价值与时代特点和要求相结合，推动网络文学、网络音乐、网络剧、微电影等传承发展中华优秀传统文化。实施倡导中华美学精神，推动美学、美德、美文相结合。

文化是民族的血脉，是人民的精神家园。文化自信是更基本、更深层、更持久的力量。中华文化独一无二的理念、智慧、气度、神韵，增添了中国人民和中华民族内心深处的自信和自豪。

（资料来源：澎湃新闻网、人民网）

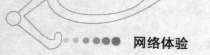

 **思考与讨论**

你认为网络阅读是一种消遣，还是充实自我的方式？

体验 11 好声音，酷音乐

任务描述

以"酷狗音乐"网站为例，介绍如何在网上听音乐、找音乐、下载音乐，并学会运用"音乐盒"对自己喜欢的音乐进行管理。

任务解析

（1）在浏览器地址栏中输入"http://www.kugou.com/"，打开酷狗音乐。

（2）通过网站的标签或者内部搜索引擎，就可以找到自己喜欢的歌曲。直接单击歌曲名称或名称后面的"播放"按钮，就可以听到这首歌。

（3）为了更方便快捷地听到自己喜欢的歌曲，可以下载一个"音乐盒"，如图 11-1 所示。根据自己所用设备的情况，下载并安装一款合适版本的音乐盒。使用 Windows 系统的计算机用户，需要下载"酷狗 PC 版"，该安装程序的扩展名为.exe。

》 图 11-1　各种版本的酷狗音乐盒

（4）安装好后，打开酷狗音乐盒，如图 11-2 所示。尽管不用登录也可以完成音乐的下载、播放，但是为了充分发挥该软件的功能，可单击音乐盒上方的"登录"或"注册"按钮，完成登录。

》 图 11-2　酷狗音乐盒界面

（5）在界面上方的搜索栏中输入歌曲的名称，如"森林狂想曲"，在主界面中就出现了多个搜索结果，如图 11-3 所示。

（6）单击搜索结果后面的"播放"按钮▷，倾听自己找到的音乐。单击"添加到列表"按钮Ⅲ，这首歌就被添加到界面左侧的"默认列表"中。单击"下载"按钮↙，弹出下载保存对话框，选择保存位置后，就把这首歌下载到了本地计算机中。同时，这首歌的歌词也会被下载到指定位置。这样，在离线状态播放音乐时，用户也会享受到卡拉 OK 的效果。

（7）"酷狗"音乐盒的"乐库""电台"提供了不同分类的歌曲，可以从歌手、专辑、风格等不同途径找到自己喜欢的音乐。

打发现和分享。

- 酷我音乐盒：酷我音乐是中国数字音乐的交互服务品牌，是互联网领域的数字音乐服务平台，同时也是一款内容全、聆听快和界面炫的音乐聚合播放器，是国内多种音乐资源聚合的播放软件。

- 百度音乐盒：前身是"千千静听"，后更名为百度音乐 PC 端。它传承了千千静听的优势，并增加了独家的智能音效匹配和智能音效增强、MV 功能、歌单推荐、皮肤更换等个性化音乐体验功能。

- Foobar2000：Windows 平台下的高级音频播放器。Foobar2000 包含了一些播放增益支持、低内存占用等基本特色以及内置支持一些流行的音频格式。尤其值得关注的是其良好的体系架构。除了重要的音频管道以外，播放器所有功能部件均是模块化的。

此外，还有、虾米播放器、多米（DuoMi）、iTunes、搜狗音乐盒等音乐播放器。

相关链接

各类音乐网站

1. 综合类

- 百度音乐（http://music.baidu.com）。
- 搜狗音乐（http://mp3.sogou.com）。
- 酷我音乐（http://www.kuwo.cn）。
- QQ 音乐（http://y.qq.com）。
- 一听音乐网（http://www.1ting.com）。
- 九酷音乐（http://www.9ku.com）。

2. DJ 音乐类

- DJ 嗨嗨（http://www.djkk.com）。
- DJ 音乐厅（http://www.hcdj.com）。
- 水晶 DJ 网（http://www.dj97.com）。
- DJ 前卫音乐（http://www.dj520.com）。
- DJ 耶耶网（http://www.djye.com）。

3. 乐器曲艺类

- 搜谱网（http://www.sooopu.com）。
- 虫虫钢琴网（http://www.gangqinpu.com）。
- 吉他谱（http://www.jitapu.com/）。

- 中华舞蹈网（http://www.zhwdw.com）。

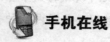 **手机在线**

常见的手机端音乐播放器

1. 手机酷狗

手机酷狗是酷狗的手机版，是常见的手机音乐播放器之一，是一款免费音乐软件。其漂亮的界面带来音乐视听享受，具有卡拉 OK 歌词逐字同步播放功能，支持全屏歌手背景头像，可与 PC 版歌单同步。

功能强大，支持听歌识曲、铃声下载，并可收听各种音乐电台，支持观看视频直播等。手机酷狗如图 11-6 左图所示。

2. QQ 音乐播放器

QQ 音乐播放器的手机版，适合播放流行音乐。这是一款带有音乐推荐功能的播放器，同时支持在线音乐和本地音乐的播放，是国内内容较丰富的音乐平台。音乐搜索和推荐功能可以让用户享受流行、美丽的音乐。QQ 音乐手机版如图 11-6 右图所示。

>> 图 11-6　酷狗和 QQ 音乐手机版

3. 开心听

开心听是一款免费的手机音乐播放器，具有较好的音质音效，支持随时播放、搜索、下载歌曲，并且能自动匹配歌词和专辑图片，具备智能音乐曲库，结合动感相册、甩歌等功能，让手机成为类似 iPod 的工具。

4. 天天动听

天天动听是由用户需求主导的手机播放器，把用户思想融入其中，支持歌词和歌曲图片下载，皮肤可更换，具备多种可视化效果。同时预置多种均衡器效果，支持音效增强，操作简单，带来手机听歌的较好体验，是拇指一族常用的音乐播放工具。

文明上网小贴士

网络音乐著作权保护

保护网络音乐著作权，并不在于消极地赋予著作权人获取利益的权利，而是通过建立创作有偿收益机制，促使更多的人参与到创作之中，从而更加丰富社会的精神和文化产品的需要，以创造双赢的局面。为此，保护著作相关权利人的利益成为网络音乐发展的重大问题。

当前情况下，要完善法律，强调从法律角度加强对音乐著作权和所有权的保护。加强对科学技术的研究和创新，以技术作为保护音乐创新专利的根本措施。技术措施可以分为两类：一类是控制访问的技术措施；另一类是控制作品使用的技术措施。建立收费机制，协调各种利益主体之间的关系，进一步整顿和规范网络市场，正确处理监管部门、网络运营商、音像出版发行商、网站、个人之间的关系。

时常耳麦听歌，小心神经性耳聋

在蚌埠市某医院工作的杨某，平时很喜欢听歌。为此，她还特意给自己配备了高水准的耳麦，平时走路、骑车、运动的闲暇时间，杨某的耳麦总是挂在耳朵上，且音量都调至很大。

2013 年 7 月初，她突然觉得每到安静的时候，总能听到耳朵里有嗡嗡的声响，而且情况越来越严重，听力明显下降。于是，她到医院检查，发现听力受损，属于早期的神经性耳聋。医生表示，如果再晚一点，就可能造成听力不可逆的损伤。

该医院的耳鼻喉科每天都可以接诊 2~3 例的神经性耳聋或是耳鸣的病人。前不久，就有一个 19 岁的大学生因为长期戴耳机打电游、听音乐，现在左耳听力降至 20 分贝。

专家告知，如果每天持续 6 小时以上使用耳麦，且音量在 80 分贝以上，持续一个月即可导致神经性耳鸣、耳聋，一些人还会出现眩晕症状，如果内耳的毛细胞因反复运动变性完全坏死，患者将永久丧失听力。因此，在使用手机听音乐时，音量最好控制在听歌时还能听到别人说话为宜，每 20～30 分钟，就需要休息一会儿。一旦觉得耳朵不适，或听力下降，要及时就医。

思考与讨论

你怎么看待下载网络音乐要收费这件事情？

体验 12 享大片，做拍客

任务描述

你曾经为错过的电视节目苦恼过吗？你是否喜欢与朋友分享你的DV作品？网络让视频的传播速度越来越快，我们越来越习惯从网上看电影、分享自拍。下面以优酷网为例，介绍如何在网上找视频、看视频、下载视频、上传视频、评价视频。

任务解析

（1）在浏览器地址栏中输入"http://www.youku.com"，打开优酷网，如图 12-1 所示。

≫ 图 12-1 优酷网首页

（2）可在首页看到相应类别，主要有剧集、电影、综艺、音乐、少儿、直播、拍客、纪实、公益、体育等。根据自己的兴趣选择相应的视频，如选择"人民的名义"，即可观看，如图12-2所示。

>> 图12-2 视频播放界面

（3）在观看过程中，单击"选集"中相应的数字可选集，选择"弹幕列表"标签可查看网友发布的评论。

（4）用户通过红色进度条可快进或者后退。单击视频屏幕或者屏幕下方左侧的"暂停"按钮 ▋▋，可以暂停当前视频。暂停后再次单击"播放"按钮 ⊙ 可继续播放视频。通过拖动"音量" ◀) ——○ 中的滑块，可以调整音量大小。单击"设置"按钮 ⚙，弹出"设置"对话框，如图12-3所示，可对视频播放进行设置。单击"全屏"按钮 ⤢，实现视频的全屏播放。

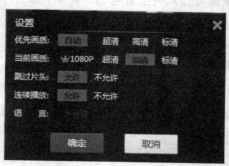

>> 图12-3 播放设置

（5）在屏幕的正下方有文本区域可供用户发表评论，如图 12-4 所示。在文本区域输入文字，单击"发表评论"按钮，就可在下方的评论区中看到自己的帖子，实现观影者之间的互动。

（6）如果想下载视频，需要先安装优酷客户端程序。单击首页右侧的"下载"按钮，在弹出的下拉列表中选择"优酷客户端"选项。如图 12-5 所示，选择一个适合自己设备版本的客

户端程序，并单击"立即下载"按钮。打开保存窗口，下载到自己的计算机中。下载完成后，双击安装程序，按照提示进行安装。

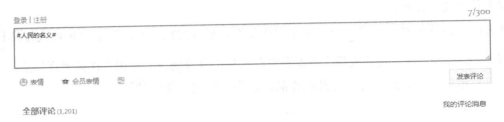

》图 12-4　发表评论

》图 12-5　下载客户端

（7）安装完成后，启动客户端，单击播放界面右侧的"下载"按钮，可弹出如图 12-6 所示的下载对话框，设定好下载集数和保存位置后，单击"开始下载"按钮，完成该视频的下载。

》图 12-6　视频下载设置

（8）如果上传自己的视频作品，首先要登录并绑定手机号。登录成功后，单击界面上方的"上传"按钮 ⬆ 。然后单击"选择视频"按钮 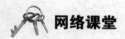，弹出"选择要上传文件"对话框，双击要上传的文件即可。

注意：上传视频时，一定要征得制作者的允许。未经授权，不能随意上传他人作品！

（9）上传结束，在"我的视频"中查看自己上传的视频情况，单击"视频管理"按钮 可继续编辑视频信息。如果还想上传其他作品，单击"继续上传"按钮。

网络课堂

看电影"卡"，怎么办？

首先，排除外在干扰因素。例如，很多人经常一边下载资料一边观看视频，这样出现看电影"卡"的情况在所难免。通过改变下载软件的下载模式和被限制的下载速度，从而保证在看电影时有足够的网络流量可用，就可有效解决这个问题。

再者，以前的在线视频多以流畅版本为主，所以下载缓冲的速度足以跟上观看速度，但随着高清、超清视频的出现，缓冲的速度经常跟不上观看的速度，特别是一些带宽低的用户，即使没有其他因素的干扰也不能正常、流畅地观看这种视频。这种情况，可以通过以下 3 个办法来解决。

（1）在观看之前，提前打开想要观看的在线视频，留出充分的缓冲时间后再来观看。

（2）先下载再观看。不同的在线视频下载的方法也不同，一般需要下载相应网站的客户端。

（3）提高自身带宽。

此外，还有视频本身问题导致的，如该网站的访问速度慢；计算机本身系统垃圾文件过多、配置低、显卡老化等情况。

相关链接

常用的视频网站

1. 土豆网（http://www.tudou.com）

2012 年 3 月 12 日，优酷和土豆以 100%换股的方式合并（图 12-7），新公司命名为"优酷土豆股份有限公司"。2013 年 6 月 25 日下午，两家网站正式改版，PC、Pad、Phone 端统一风格，彻底实现底层架构打通，进一步深化了多屏战略。

※ 图 12-7　优酷土豆合并

2．央视网（http://tv.cntv.cn）

央视网是以视听互动为核心，融网络特色与电视特色于一体的全球化、多语种、多终端的网络视频公共服务平台。

3．爱奇艺（http://www.iqiyi.com/）

爱奇艺原名位奇艺。2010 年 4 月 22 日，奇艺正式上线。2011 年 11 月 26 日，奇艺正式宣布品牌升级，启动"爱奇艺"品牌并推出全新标志。2013 年 5 月 7 日，百度收购 PPS 视频业务，并与爱奇艺进行合并。

此外，还有乐视视频（http://www.letv.com）、搜狐视频（http://tv.sohu.com）、暴风影音（http://www.baofeng.com/）腾讯视频（https://v.qq.com/）等视频网站，如图 12-8 所示。

⊙ 土豆网	▶ 搜狐视频	↳ 乐视视频	◉ 凤凰视频
▶ 响巢看看	◉ 腾讯视频	◉ 新浪视频	▥ 哔哩哔哩
▣ 暴风影音	ⓟ PPTV	▤ 风行网	◉ 1905电影网

※ 图 12-8　常用的视频网站

 **手机在线**

人人可以是拍客——美拍

2013 年 6 月 13 日，由张昕宇、梁红担纲主角的互联网首档户外真人秀节目《侣行》首季第一集在优酷网首播。节目中，"极限情侣"张昕宇、梁红携手相伴，通过自己的摄影镜头，为观众带来了惊险刺激的旅行经历。从北极到南极的两年环球之旅，张昕宇无法定义自己的行为是旅行还是探险。他说，去奥伊米亚康露营是为了向一位曾质疑他的英国朋友证明"外国人能做到的，中国人也能"。

像张昕宇、梁红这样的人，我们称之为"拍客"。拍客不是摄影技术高的人群的称呼，做拍客是一种眼界，一种积极、主流、社会公德的态度。态度比技术更难能可贵。拍客是一群对生活和他人充满爱心的人，总是在工作之余、生活中、旅行中，用镜头记录下他们的所思所想。

他们用一双善于发现的眼睛，一个无处不在的镜头，记录身边发生的点点滴滴，然后将拍到的一切发布到网络上与大家一起分享。

随着智能手机的普及，越来越多的拍客喜欢用自己手中的手机记录生活。无论当时身在何处，拍客都可以用手机将精彩的生活瞬间拍下，或用视频记录现场，第一时间上传到网络上，让更多的朋友可以立即看到并分享。

目前，很多视频网站都有自己的手机客户端程序，使用这些程序，可以通过手机观看视频、下载视频、上传视频。下面以 iPhone 版美拍 App 为例讲解视频拍摄的编辑和上传方法。

（1）在 App 商店中搜索美拍并下载，可进入主界面，单击右下方的"频道"图标▇，选择自己感兴趣的话题选择视频观看。上传视频前需要登录，我们可以使用相关社交账号登录美拍，此时单击右下角的"我"图标▇查看相关个人信息，如图 12-9 所示。

》 图 12-9　美拍 App

（2）选择界面左上角的"直播"标签，可选择相应主播在线观看。若要拍摄视频，应首先单击界面下方中心的▶图标，出现如图 12-10 左图所示的菜单，选择"短视频"命令，美拍自动调用手机摄像头并出现如图 12-10 右图所示界面。

（3）选择"10 秒 MV"选项，按住红色图标拍摄一段视频"钢琴"，拍摄时支持视频拼接，松开拍摄图标即停止拍摄，选择好画面后再次单击拍摄图标可继续拍摄。如图 12-11 左图所示，红色进度条中黑色竖线即为视频拼接点。拍摄完成后，单击▇图标完成拍摄。

（4）美拍软件为 10 秒视频设计多款滤镜，选择"滤镜"标签并选择合适的颜色效果，可随时查看修改结果。选择"MV"标签可为当前视频选择固定的背景音乐和视频特效。如图 12-11 右图所示为添加完特效后的效果。单击▇图标可消除和开启视频原声。

» 图 12-10　选择拍摄短视频

» 图 12-11　拍摄 10 秒 MV "钢琴"

（5）美拍为较长的 5 分钟视频提供编辑功能，在拍摄界面中选择"5 分钟"选项，拍摄一段视频"晚樱"，完成后单击 █ 图标。此时可对视频添加滤镜，选择"编辑"标签，可进入编辑界面，主要有字幕和加速变声两项功能，单击"字幕"图标 █，如图 12-12 左图所示，进行字体样式和颜色设置，并将文字放置在适当的位置。

（6）单击"加速变声"图标 █，可进行视频加速设置，如图 12-12 右图所示。设置完成后，单击右下角"确定"图标 █ ✓ 确定 。

》图 12-12　拍摄 5 分钟视频"晚樱"

（7）单击 🎵 图标，可打开选择音乐列表，如图 12-13 左图所示，单击音乐名称可试听，选择合适的音乐后，单击界面右上角的"完成"按钮。

（8）视频制作完成后，若不想上传，如图 12-13 右图所示，只需单击右上角的"草稿箱"图标 ▶草稿箱 ，即可保存并返回首页，在"我"界面中的草稿箱中可查看该视频。也可在分享界面中添加话题，设置封面，选择相应的社交软件，如微信朋友圈、微信好友、QQ 空间、新浪微博、Facebook 等，单击"分享"图标 分享 → 就可以把视频分享出去。

》图 12-13　选择背景音乐并分享

文明上网小贴士

被禁止发布的视频

《互联网信息服务管理办法》严禁发布含有以下 9 类信息的视频。

● 反对《宪法》所确定的基本原则的。

● 危害国家安全，泄露国家秘密，颠覆国家政权，破坏国家统一的。

● 损害国家荣誉和利益的。

● 煽动民族仇恨、民族歧视，破坏民族团结的。

● 破坏国家宗教政策，宣扬邪教和封建迷信的。

● 散布谣言，扰乱社会秩序，破坏社会稳定的。

● 散布淫秽、色情、赌博、暴力、凶杀、恐怖或者教唆犯罪的。

● 侮辱或者诽谤他人，侵害他人合法权益的。

● 含有法律、行政法规禁止的其他内容的。

警示窗

名校高材生"仗义"分享电影，触犯法律

广东的小刘毕业于一所名牌大学，主修国际经济法专业，精通英语、法语、日语、德语、俄语、韩语六国语言。他从小爱看电影，更偏爱小众文艺电影。他每天都流连于各大电影论坛，和一些"发烧友"交流心得。因为小众电影的传播渠道比较少，许多志趣相投的影迷"想看看不到"。他翻译了 400 多部小众电影，用最好的光盘刻录，只以 2.9 元的低价售卖……然而，这一"仗义"的行为却使他获刑 3 年，原因是侵犯了著作权。

这究竟是知识分享还是版权侵犯？对此，专家表示，没有授权的分享，逻辑就如"窃书不算偷"一样，是一种诡辩。在互联网上畅游要注意法律边界，知识分享的前提是不能侵犯版权。北京市广盛律师事务所上海分所的律师刘某说，网络使用没有建立起传统的商业利益分享机制，随意地上传、转载等传播导致复制品销售的大幅下滑甚至消失，著作权利人无法从作品的传播和分享中获得利益。最典型的就是唱片工业在信息网络的冲击下已经接近消亡。

网络，一直是我国版权侵犯的重灾区。国家版权局 2010～2011 年打击网络侵权盗版专项治理"剑网行动"共查处网络侵权盗版案件 1148 起。很多人都是这种侵权的"受益者"：或下载高品质免费音乐，或观看过未授权的电影，或购买 5 元的"正版"软件……

在美国、日本等国家，网络版权的保护力度是非常惊人的：不仅提供和传播违法，就连下

载未授权的音乐或影视文件，也可能面临拘役和罚款。

专家指出，共享知识和版权保护并不矛盾，也有可能实现双赢。例如，视频和音乐网站购买版权，提供部分免费观看或聆听的同时，向需求更多的消费者提供更好的服务。

（资料来源：中青在线·中国青年报）

 思考与讨论

2012年12月，某电视节目中出现一个拍客，自称保守估算月收入 1.5 万元以上。据调查，拍客的收入大概来自三方面：媒体给的报料费、稿费和受雇公司的相对固定的工资。另有知情人士介绍，部分拍客还有一个收入来源，就是做网络"推手"。有的网站雇用的拍客会找到一些企业、医院等单位，提出为他们策划，在网上将这些企业"炒"出名，然后收取一定的好处费。例如，有一名拍客为一家整形医院做"推手"，赚了数万元。还有一些选秀节目的选手，也会找拍客帮忙，提高自己的知名度。

1. 你觉得网络视频的可信度有多少？
2. 你会选择网络拍客作为你的职业吗？原因是什么？

体验 13　培养自律，文明上网

任务 1 美丽网事，汇集正能量

任务描述

在网络文化建设中，普通网民是这项事业的生力军。和谐社会，文明网络，有你也有我。QQ 奶奶、妈妈评审团等一大批平凡而伟大的民众，谱写了一曲曲美妙动听的网事之歌，让网络中国更加美好、纯澈。下面就来认识和了解一下这些可亲可敬的网络正能量的贡献者。

任务解析

1. QQ 奶奶：温暖 13 万好友

QQ 奶奶原名叫张秀丽，是郑州紫荆山路社区的一名退休教师。自 2004 年前开始接触网络至今，她已经申请了 18 个 QQ 号和 1 个企业号，拥有近 13 万青少年 QQ 好友。每天晚上 8 点，奶奶都会准时登录 QQ，开始她至少两个小时的倾听烦恼、解答疑惑"工作"。图 13-1 是 QQ 奶奶的生活照。

"如果我一生的教书育人是棵树，那么'聊 QQ'就是老树上的一片新叶。"谦虚的 QQ 奶奶在接受采访时这样说。其实，除了 18 个 QQ 号之外，QQ 奶奶还拥有 3 个微博账号、2 个博客账号，腾讯网还专门为她搭建了网络课堂，赠送了一个能容纳 25 万人的企业 QQ 号（QQ 奶奶的 QQ 号：800009922，在线时间：晚 8～10 点）。为了给孩子们提供更专业的帮助，2007 年，她以 72 岁的高龄参加了高级心理咨询师考试，并且一次通过。这位全国少先队代表大会辅导员代表说："我从来没看到有坏孩子，只看到可怜的、教育缺位的孩子。"

2. 妈妈评审团：还网络一片纯净

妈妈评审团的发起人是北京市青少年法律与心理咨询服务中心主任宗春山，其成员主要通过招募方式由未成年人家长组成，其基本职能是依据"儿童利益最大原则"和妈妈对孩子的关爱标准，由"妈妈们"对互联网上影响未成年人身心健康的内容进行举报、评审，形成处置建议反映给相关管理部门，并监督评审结果的执行。妈妈评审团的成立，为我国的未成年人保护事业提供了一个新的平台，为社会公众参与网络不良信息的监督评审搭建了一座新的桥梁。妈妈评审团漫画如图 13-2 所示。

≫ 图 13-1　QQ 奶奶　　　　　　　　　≫ 图 13-2　妈妈评审团漫画

针对网上出现的亟待治理的行业乱象，协会组织妈妈评审员不定期召开专题评审会，听取相关管理部门及网站整治情况，对话网站、专家，为网络监管、青少年安全上网谏言献策；积极配合"护苗""净网"等专项行动，召开相关专题评审会，呼吁行业组织、互联网企业及社会公众积极响应，彻底根除不良信息及视频的传播源头。

 网络课堂

1. 文明上网自律公约

中国互联网协会 2006 年 4 月 19 日发布《文明上网自律公约》（图 13-3），号召互联网从业者和广大网民从自身做起，在以积极态度促进互联网健康发展的同时，承担起应负的社会责任，始终把国家和公众利益放在首位，坚持文明办网、文明上网。把网络建设成青少年学习、成长、创新、娱乐的健康阵地。

》 图 13-3　文明上网公约

2. 网络道德规范

在信息技术日新月异发展的今天，人们无时无刻不在享受着信息技术带来的便利与好处。然而，随着信息技术的深入发展和广泛应用，网络中已出现许多不容回避的道德与法律问题。因此，在充分利用网络提供的历史机遇的同时，抵御其负面效应，大力进行网络道德建设已刻不容缓。以下是有关网络道德规范的要求，大家应该遵照执行。

（1）基本规范。

- 不应该用计算机去伤害他人。
- 不应干扰别人计算机的正常工作。
- 不应窥探别人的文件。
- 不应用计算机进行偷窃。
- 不应用计算机作伪证。
- 不应使用或复制没有付钱的软件。
- 不应未经许可而使用别人的计算机资源。
- 不应盗用别人的智力成果。
- 应该考虑你所编的程序的社会后果。
- 应该以深思熟虑和慎重的方式来使用计算机。
- 为社会和人类做出贡献。
- 避免伤害他人。
- 要诚实可靠。
- 要公正并且不采取歧视性行为。
- 尊重包括版权和专利在内的财产权。
- 尊重知识产权。
- 尊重他人的隐私。

● 保守秘密。

（2）6种网络不道德行为。

● 有意造成网络交通混乱或擅自闯入网络及其相联的系统。

● 商业性或欺骗性地利用大学计算机资源。

● 偷窃资料、设备或智力成果。

● 未经许可而接近他人的文件。

● 在公共用户场合做出引起混乱或造成破坏的行动。

● 伪造电子邮件信息。

3. 互联网政策法规

我国陆续颁布了如《互联网著作权行政保护办法》《网络游戏管理暂行办法》等与互联网有关的政策法规，如图 13-4 所示。

≫ 图 13-4　互联网政策法规

以上互联网政策法规的链接网址为 http://news.cyol.com/node_19882.htm。

任务2　建"文明网站"，传承优秀文化

任务描述

互联网已经成为广大青少年学习知识、获取信息、交流思想、休闲娱乐的重要平台，极大地丰富了青少年的精神文化生活，深刻影响着青少年的生活方式、思维方式和行为模式。

为大力推进青少年网络关爱，打造绿色健康、积极向上的网络空间，促进青少年健康成长，中央文明办、共青团中央等单位创建以青少年网络文明学习为主题的网站，下面让我们一睹为快吧。

任务解析

我国以青少年网络文明学习为主题的网站主要有以下几个。

1. 中国文明网

中国文明网（http://www.wenming.cn）是中央宣传部、中央文明办的门户网，是中国宣传思想文化工作和精神文明建设的系统的门户网站，如图 13-5 所示。

中国文明网的建设目标是成为推动宣传思想工作和精神文明建设的工作平台，传播文明、引领风尚的重要阵地，文明办网、建设中国特色网络文化的示范窗口。

》 图 13-5　中国文明网

中国文明网的宗旨是传播文化、引领风尚。

中国文明网的职能主要是发布宣传思想文化和精神文明建设的重要信息，进行理论宣传和

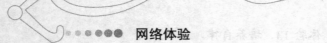

形势政策教育，开展思想道德建设和精神文明创建活动，传播文明、引领风尚，促进社会文明水平和公民文明素质的提高。

在浏览器地址栏输入"http://www.wenming.cn/discipline_website"，可看到中国文明网的全国创建"文明网站"活动官方主页，如图 13-6 所示。为促进互联网精神文明建设，营造文明和谐的网络环境，中国文明网在全国组织开展了创建"文明网站"活动。

>> 图 13-6 全国创建"文明网站"活动官方主页

2. 青少年爱国主义网上线

2010 年年底，经过精心规划和设计，由共青团中央主办、中国青年网承办的全新大型网上爱国主义教育基地——青少年爱国主义网（http://agzy.youth.cn）正式上线。

青少年爱国主义网以"怀爱国之情，树报国之志，践强国之行"为宗旨，以科学化的教育方法和网络化的渠道建设为手段，分别设立了新闻、资料、互动、旅游、影音五大板块，整合当前网上爱国主义教育所涉及的各方面信息，构筑起目前国内规模最大、史料最丰富、形态最多样的网上革命历史资料库和互动中心，满足青少年的未知渴望，培养青少年的爱国主义。

青少年爱国主义网让孩子们多了一种选择，教育者多了一条途径，对下一代的爱国教育有着深远意义。当老一辈人离开的时候，爱国主义精神还能通过这种途径永久延续下去。

 **网络课堂**

1. 坚守七条底线

在 2013 年 8 月 15 日举行的中国互联网大会上，各位理事、专家、学者、网站负责人、网民代表等一致认为，网络空间是现实社会的延伸，所有网站和网民都应增强自律意识和底线意识，并向广大网民提出倡议：坚守"七条底线"，如图 13-7 所示，共同营造健康向上的网络环境，积极传播正能量，为实现中华民族伟大复兴的中国梦做出贡献。

》 图 13-7　"七条底线"

这"七条底线"直指当前网络文明与文化的软肋，守住这"七条底线"是每一个网民的责任与义务。守得住，就能打造一个网络文明时代；守不住，就会出现一个网络丑陋时代。"七条底线"如下。

一是法律法规底线。这是每一个公民应该坚守的底线，当然，也必须是网民坚守的底线，网络不是逃离现实的虚拟世界，网络必须是受到法律法规约束的虚拟世界，这个底线不能丢。若丢了，网络就会丑陋不堪。

二是社会主义制度底线。这是我们的基本制度，这个底线不能丢，无论是在现实中，还是在网络上，我们生活在社会主义下，我们不能给自己掘墓。

三是国家利益底线。这是一个网民必须坚守的责任，国家利益高于一切，没有国家就没有我们的一切，现实世界如此，网络世界更是如此，我们应该打造网络爱国主义文化，国家利益至上应该是网络文化的灵魂。

四是公民合法权益底线。网络为维护公民合法权益打造了一个崭新的平台，我们应该好好利用这个平台，维护好自己的合法权益，也应该警惕某些人利用这个平台维护自己的非法权益。

五是社会公共秩序底线。幸福生活，美丽社会，需要公共秩序来打造。网络秩序是社会公共秩序的重要组成部分，网络秩序必须遵守社会公共秩序的底线，一旦触犯，就会成为公共秩序混乱的导火索，必须维护好网络秩序。

六是道德风尚底线。道德风尚是一个社会的精神支柱，网络时代是自媒体时代，这个时候特别需要维护道德风尚底线，因为一旦网络上的道德风尚底线下滑，对现实的影响将是巨大的、恶劣的。

七是信息真实性底线。现在，一些假新闻、假信息充斥网络，这就是信息真实底线失落的表现，每个网民都有责任维护这个真实底线，应该辨别真假，不制作、不传播不真实的信息，虚拟世界的信息不能虚拟。

"七条底线"的提出，是加强网络正面引导、改善网络生态的一场"及时雨"，充分体现了自下而上网民们的自我觉醒、自我参与、自我规范和自我完善的特点。

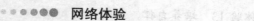
2. 中国互联网协会抵制网络谣言倡议书

随着信息通信技术的快速发展，互联网已经成为民意表达的重要平台，对经济、政治、文化和人民生活产生着积极的影响。同时应当看到，网上不良、不实的信息仍然存在，影响社会健康发展，特别是网络谣言的传播成为一大社会公害，严重侵犯公民权益，损害公共利益，也危害国家安全和社会稳定。共同抵制网络谣言，营造健康文明的网络环境已经成为社会各界共同关注的问题，如图 13-8 所示，让我们积极行动起来，抵制网络谣言，从我做起。

》 图 13-8 抵制网络谣言，从我做起

为抵制网络谣言，营造健康文明的网络环境，推动互联网行业健康可持续发展，中国互联网协会向全国互联网业界发出如下倡议。

（1）树立法律意识，严格遵守国家和行业主管部门制定的各项法律法规，以及中国互联网协会发布的行业自律公约，不为网络谣言提供传播渠道，配合政府有关部门依法打击利用网络传播谣言的行为。

（2）积极响应"增强国家文化软实力，弘扬中华文化，努力建设社会主义文化强国"的战略部署，制作和传播合法、真实、健康的网络内容，把互联网建设成宣传科学理论、传播先进文化、塑造美好心灵、弘扬社会正气的平台。

（3）增强社会责任感，履行媒体职责，承担企业社会责任，依法保护网民使用网络的权利，加强对论坛、微博等互动栏目的管理，积极引导网民文明上网、文明发言，坚决斩断网络谣言的传播链条。

（4）坚持自我约束，加强行业自律。建立、健全网站内部管理制度，规范信息制作、发布和传播流程，强化内部监管机制；积极利用网站技术管理条件，加强对网站内容的甄别和处理，对明显的网络谣言应及时主动删除。

（5）加强对网站从业人员的职业道德教育，要求网站从业人员认真履行法律责任，遵守社会公德，提高从业人员对网络谣言的辨别能力，督促从业人员养成良好的职业习惯。

（6）提供互动信息服务的企业，应当遵守国家有关互联网真实身份认证的要求，同时要做

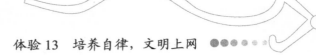

好保护网民个人信息安全工作，提醒各类信息发布者发布的信息必须客观真实、文责自负，使每个网民承担起应尽的社会责任。

（7）自觉接受社会监督，设置听取网民意见的畅通渠道，对公众反映的问题认真整改，提高社会公信力。

（8）希望广大网民积极支持互联网企业抵制网络谣言的行动，自觉做到不造谣、不传谣、不信谣，不助长谣言的流传、蔓延，做网络健康环境的维护者，发现网络谣言应积极举报。

[资料来源：新华社（北京 2012 年 4 月 8 日电）]

相关链接

常见的倡导网络文明类网站

1. 网络文明——新华网

新华网（http://www.xinhuanet.com/it/zt060401/）的网络文明专页有"最新报道""媒体评论""网络道德""建言献策"等多个板块，倡导"大兴网络文明之风"。

2. 美德山东网

美德山东网（http://mdsd.dzwww.com/）具有美德宣传报道、美德人物数据库、网络互动推荐、多平台移动客户端展示等功能，集中展示道德模范及时代楷模的事迹，展现了齐鲁大地的道德传承和当代山东人民的精神品格。

在线访谈

舆论监督和文明上网都是为了让社会更加美好

为深入推进"文明上网，共建和谐"网上征文和知识竞赛活动，形成文明上网的浓厚网络氛围，2010 年 9 月 13 日，中央人民广播电台副台长、高级编辑王晓晖应邀做客新华网，谈他眼中的"文明上网，共建和谐"。王晓晖在访谈时说，文明上网最关键的要素就是自律，这个自律指的是两方面，一方面是上网者，一方面是办网者，如图 13-9 所示。

≫ 图 13-9　文明办网，文明上网

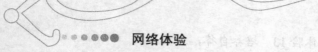

1. 实现文明上网最关键的是要自律

主持人： 我们讨论的话题是"文明上网，共建和谐"，您认为要实现文明上网最关键的是什么？

王晓晖： 文明上网最关键的要素就是自律。这个自律指的是两方面，一方面是上网者，一方面是办网的。文明上网更大一层含义是在道德规范上，道德规范在很大程度上要靠自律的精神、自律的态度、自律的行为来对待，所以最关键的可能就是自律。

主持人： 这不单单是它的重要因素，也是文明上网最难的环节，如果想把自律真正做好，怎么突破这一难题？

王晓晖： 自律是挑战自己内心阴暗的东西，是一个向上的态度，也是一个人必须提高的，是最主要的方面。文明的进程需要时间，个人素质提升也需要时间。随着整个网络社会的形成，网民人数越来越多，就肯定需要一个逐步提升的过程，提升网民素质才能把整个网上家园变得更为文明，所以最关键的是自律，最难的是每个人文明素质提升的速度。

2. 界定是否低俗有两个标准

主持人： 应该如何界定"网络低俗内容"？

王晓晖： 低俗在每个人心里都有一个尺度，如果拿一个准确的概念去界定它，我感觉有两个标准能衡量它，第一，你愿不愿意和别人分享这些行为；第二，你愿不愿意让孩子和家人看到你网上的行为。这两个标准就是你能不能面对自己内心的一些东西，如果这个东西是好的，你就会愿意分享，和家人和孩子一起看。

3. 表达权：自由不要化，批判不要大

主持人： 有一种观点认为，人们有权利自由表达自己的观点，如半夜邻居砸墙，我可能就要到社区网站说一下。怎样把握自由表达观点和文明上网的平衡、尺度呢？

王晓晖： 任何自由都是某个时空点上的自由，只是处于不同时间、不同空间，因为它受很多因素限制，如宗教、文化、信仰和此时此刻人们自身的道德规范，在这种情况下，在那个地方自由，在这个地方就不能自由，否则会伤害别人。自由不是绝对化的观念。任何自由都建立在两种自由之上，一种是公民要担负社会向善的一种责任，另外一种是尊重他人。

4. 谈"网络批评"：和谐是交响乐

主持人： 有网民问，文明上网是否会导致一些地方以文明上网为借口，对一些批评性的负面意见进行删除，是不是"文明上网，共建和谐"就意味着必须是一团和气？

王晓晖： 那不是。刚才提到了，文明上网不是说一个声音，而是一个交响乐，你可以发出不同的声音，但是出发点是很重要的。我们坚持的原则第一是准确监督，第二是科学监督，第三是依法监督，第四是建设性监督。文明上网要建立在准确、科学、依法、建设性，以人为上，以社会为上，这些原则的基础上。

5. 舆论监督和文明上网都是为了让社会更美好

主持人：您怎么看待舆论监督和文明上网？

王晓晖：舆论监督和文明上网都是为了让这个社会变得更加美好，秩序变得更加健康，每个人生活在这里更有尊严，这是丝毫不矛盾的。我们打击鞭挞假丑恶，就是为了弘扬真善美。

 文明上网小贴士

全国青少年网络文明公约

为贯彻"三个代表"的重要思想，促进"依法治国"和"以德治国"相结合方略的实施，落实《公民道德建设实施纲要》中关于"要引导网络机构和广大网民增强网络道德意识，共同建设网络文明"的精神，团中央、教育部、文化部、国务院新闻办、全国青联、全国学联、全国少工委、中国青少年网络协会等组织于 2001 年 11 月向社会发布《中华人民共和国全国青少年网络文明公约》，内容如图 13-10 所示。

在全社会倡导《全国青少年网络文明公约》，是贯彻落实《公民道德建设实施纲要》的一个重要举措。《全国青少年网络文明公约》旨在增强青少年自觉抵御网上不良信息的意识，引导广大青少年文明上网，营造全社会关注青少年网络生活环境的氛围，促进青少年健康成长。

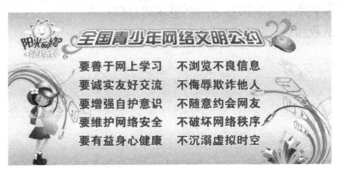

※ 图 13-10　《全国青少年网络文明公约》的内容

应自觉养成上网的良好行为习惯，争做网络文明的宣传员、示范员，共同营造一个健康的网络环境。

 警示窗

网民评选出的网络十大不文明行为如图 13-11 所示。

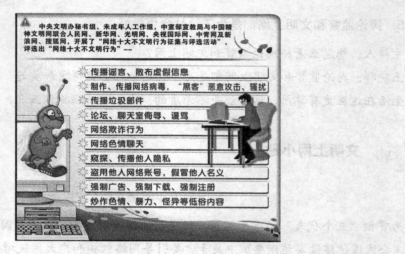

》图 13-11 网络十大不文明行为

思考与讨论

1. 对照文明上网的各种规范，反思一下自己的上网过程中是否这样要求自己。

2. 探讨如何贯彻和落实《全国青少年网络文明公约》？

3. 文明上网，从我做起，该如何行动？

体验 14　文明失范，防微杜渐

任务 1　网络文明失范"面面观"

任务描述

　　为了避免青少年在网络社会自我迷失，有必要了解一些网络文明失范案例。如下提到的造谣和诈骗典型案例，让我们从中吸取教训，以人文关怀的光辉来消除文明失范，让青少年在一个充满生机和文明之风的网络国度里自由翱翔、智慧充分涌流、活力竞相迸发。

任务解析

1."秦火火""立二拆四"因造谣被刑拘

　　一段时间以来，互联网上制造传播谣言等违法犯罪活动猖獗，不仅严重侵害了公民的切身利益，也严重扰乱了网络公共秩序，广大群众强烈呼吁整治网络乱象。从 2013 年上半年开始，公安部根据广大群众举报的线索，部署全国公安机关开展专项行动，集中打击在网络上制造、传播谣言等违法犯罪。

据新华网报道，2013 年 8 月 21 日，北京警方按照公安部统一部署，根据群众举报，依法立案侦查，一举打掉一个在互联网蓄意制造传播谣言、恶意侵害他人名誉，非法攫取经济利益的网络推手公司，抓获"秦火火""立二拆四"及公司其他 4 名成员。

警方在调查中发现，为提高网络知名度和影响力，非法牟取更多利益，网络推手们先后策划、制造了一系列网络热点事件来吸引粉丝，使自己迅速成为网络名人。例如，"7·23"动车事故发生后，他们故意编造、散布中国政府花 2 亿元天价赔偿外籍旅客的谣言，2 个小时就被转发 1.2 万次，挑动民众对政府的不满情绪；编造雷锋生活奢侈情节，污称这一道德楷模的形象完全是由国家制造的；利用"郭美美炫富事件"蓄意炒作，编造了一些地方公务员被要求必须向红十字会捐款的谣言，恶意攻击中国的慈善救援制度；并将著名军事专家、资深媒体记者、社会名人和一些普通群众作为攻击对象，无中生有编造故事，恶意造谣抹黑中伤。

警方查明，网络推手们曾公开宣称：网络炒作必须要"忽悠"网民，使他们觉得自己是"社会不公"的审判者，只有反社会、反体制，才能宣泄对现实的不满情绪；必须要煽动网民情绪与情感，才能将那些人一辈子赢得的荣誉、一辈子积累的财富一夜之间摧毁。他们的行为严重败坏了社会风气，污染了网络环境，造成了恶劣影响，如图 14-1 和图 14-2 等两幅漫画所示，有网民称其为"水军首领"，并送其外号"谣翻中国"。

》图 14-1　网络谣言漫画 1　　　　　　》图 14-2　网络谣言漫画 2

据办案民警介绍，"秦火火""立二拆四"组成网络推手团队，伙同少数所谓的"意见领袖"，组织网络"水军"长期在网上炮制虚假新闻，故意歪曲事实，制造事端，混淆是非，颠倒黑白，并以删除帖文替人消灾、联系查询 IP 地址等方式非法攫取利益，严重扰乱了网络秩序，其行为已涉嫌寻衅滋事罪、非法经营罪。"秦火火""立二拆四"对所做违法犯罪事实供认不讳。目前，二人已被北京警方依法刑事拘留。

2.《焦点访谈》特大网络诈骗案揭秘（2011 年 5 月 18 日）

中国网络电视台消息（《焦点访谈》）：现在，越来越多的人喜欢便捷的网络购物，可同时，一些不法分子也利用买家的疏忽和网络管理上的漏洞打起了诈骗的主意。近日，江苏省南京市警方就破获了一起特大网络诈骗案。

（1）打开"卖家"链接，购物款失踪。

家住南京市的孙女士于 2010 年 12 月在淘宝网上看中了一款购物卡，于是她就进入了其中一家标价比较低的网上店铺，咨询怎样购买这张卡。店铺老板发给她一个链接，孙女士打开链接后，出现了一个淘宝网的页面，于是她便毫不犹豫地汇了 5000 元。当在淘宝后台购物的明细栏里没有找到她汇款购买的东西，她发现自己上当了。

随着报案人数的增多，警方发现这些案件尽管发生在不同的地方，但是诈骗的手法都很相似：先是利用 QQ 等聊天工具提供便宜的商品信息，然后让买家链接到他所提供的假淘宝网页，诱使买家付款，从而上当受骗。

南京警方对犯罪嫌疑人进行并案侦查和抓捕。很快，主要犯罪嫌疑人 20 多人被抓获，经过调查取证，一起特大网络诈骗案浮出水面。

据警方介绍，此案不仅作案人数众多，初步查明涉案人数达数百人之多；而且受害人众多，仅仅通过一个作案平台就已经发现受害人达十几万之众。

（2）网购诈骗搞起了会员制。

这些表面上分散地、似乎并无关联的一起起假淘宝网诈骗案，实际上是一个有组织、有分工、有网络技术平台支持和统一管理的犯罪集团所为。

据犯罪嫌疑人交代，他开始是帮一个专门搞网络购物诈骗的人编钓鱼程序，见到有利可图，从 2010 年起就自己组织一些人模仿淘宝网，套取客户的钱财。

据警方介绍，犯罪嫌疑人的诈骗活动策划得十分周密，他们先搭建 V9 平台。搭建 V9 平台的目的是生成假淘宝网页，提供诈骗的软件程序和工具，采集和处理相关数据。网络犯罪集团管理员称之为"抓代码"。

"抓代码"指的是在网上窃取一些银行和支付平台的网页源代码。假淘宝网页本身并没有这种代码，要想通过虚假的网页骗钱，必须要从正规的支付网页上窃取源代码。犯罪嫌疑人把窃取来的源代码给诈骗人员，让他们把这种代码放到假淘宝网页后再把网页发给受害人，受害人一旦付款，不但收不到要买的东西，钱还会被骗子划走。网络诈骗漫画如图 14-3 和图 14-4 所示。

》图 14-3　网络诈骗漫画 1　　　　　　》图 14-4　网络诈骗漫画 2

（3）防范意识淡薄让诈骗屡屡得逞。

应该说，在这起诈骗案中，除了犯罪嫌疑人的违法犯罪行为之外，一些网民的防范意识淡薄也给诈骗人员提供了可乘之机。

公安部门在加大打击网购诈骗力度的同时，也提醒网上购物者，在购物时首先要看清购物网站的域名，因为网页可以作假，域名却无法修改；其次，不要轻易相信网上聊天中得到的购物信息和网站链接；最后，在网络购物中如果发生交易失败的现象，不要随便采取对方提供的解决办法，尤其不要轻易用网络账户再次付款。

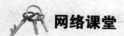 **网络课堂**

网络道德与伦理

据中国互联网络信息中心统计，中国互联网发展状况统计报告（第 39 次）列出，截至 2016 年 12 月，我国网民规模达到 7.31 亿人，互联网普及率达到 53.2%。我国手机网民规模达 6.95 亿人，网民中使用手机上网的人群占比提升至 95.1%，手机支付用户规模接近 4.7 亿人，线下支付习惯已经形成。学生群体是网民中规模最大的职业群体，占比为 25.0%。作为互联网使用者的最大群体，青少年受网络的影响尤其大。

1. 网络道德

（1）概念和目的。

所谓网络道德，是指以善恶为标准，通过社会舆论、内心信念和传统习惯来评价人们的上网行为，调节网络时空中人与人之间，以及个人与社会之间关系的行为规范。网络道德是人与人、人与人群关系的行为法则，它是一定社会背景下人们的行为规范，赋予人们在动机或行为上的是非善恶判断标准。

网络道德的目的是按照"善"的法则创造性地完善社会关系和自身，社会除了需要规范人们的网络行为之外，还有提升和发展人们自身内在精神的需要。

（2）原则。

网络道德的基本原则：诚信、安全、公开、公平、公正、互助。

网络道德的三个斟酌原则是全民原则、兼容原则和互惠原则。

① 全民原则。全民原则包含下面两个基本道德原则。第一，平等原则。每个网络用户和网络社会成员享有平等的社会权利和义务。第二，公正原则。网络对每一个用户都应该做到一视同仁，它不应该为某些人制定特别的规则并给予某些用户特殊的权利。

② 兼容原则。网络道德的兼容原则认为，网络主体间的行为方式应符合某种一致的、相互认同的规范和标准，个人的网络行为应该被他人及整个网络社会所接受，最终实现人们网际

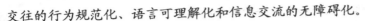

交往的行为规范化、语言可理解化和信息交流的无障碍化。

③ 互惠原则。互惠原则集中体现了网络行为主体道德权利和义务的统一。作为网络社会的成员，必须承担社会赋予他们的责任，同时有义务为网络提供有价值的信息，有义务通过网络帮助别人，也有义务遵守网络的各种规范以推动网络社会的稳定有序的运行。

（3）特点。

① 自主性，即与现实社会的道德相比，"网络社会"的道德呈现出一种更少依赖性、更多自主性的特点与趋势。

"网络社会"的道德规范不是根据权威的意愿建立起来的，而是网络人自发自觉的行为的结果。由于网络道德规范是人们根据自己的利益与需要制定的，因此增强了人们遵守这些道德规范的自觉性。

② 开放性，即与现实社会的道德相比，"网络社会"的道德呈现出一种在不同的道德意识、道德观念和道德行为之间经常性的冲突、碰撞和融合的特点与趋势。

③ 多元性，即与传统社会的道德相比，"网络社会"的道德呈现出一种多元化、多层次化的特点与趋势。在"网络社会"中，存在着关涉社会每一个成员的切身利益和"网络社会"的正常秩序、属于"网络社会"共同性的主导道德规范。

加强网络道德建设不仅要出台相应网络法规、网络道德守则，更要在全社会范围内加强道德文化和道德教育的实施。

2. 网络伦理

（1）概念。

网络伦理是指在网络信息活动中被普遍认同的道德观念和应遵守的道德标准。

（2）构建中国特色网络伦理。

在构建网络伦理或计算机网络道德规范体系方面，应当遵循以下几项基本原则。

① 促进人类美好生活原则。

信息网络技术的研究开发者必须充分考虑这一技术可能给人类带来的影响，对不合理运用技术的可能性予以排除或加以限制；信息网络技术的运用者必须确保其对技术的运用会增进整个人类的福祉且不对任何个人和群体造成伤害；信息网络空间的传输协议、行为准则和各种规章制度都应服务于信息的共享和美好生活的创造，以及人类社会的和谐文明进步。

② 平等与互惠原则。

每个网络用户和网络社会成员享有平等的权利和义务。网络所提供的一切服务和便利，他们都应该得到，而网络共同体的所有规范，他们也应该遵守并履行，这是一个网络行为主体所应该履行的义务。

③ 自由与责任原则。

这一原则主张计算机网络行为主体在不对他人造成不良影响的前提下，有权利自由选择自己的行为方式，同时对其他行为主体的权利和自由给予同样的尊重。

④ 知情同意原则。

知情同意原则在评价与信息隐私相关的问题时，可以起到很重要的作用。网络知识产权的维护也适用知情同意原则。人们在网络信息交换中，有权知道是谁以及如何使用自己的信息，有权决定是否同意他人得到自己的数据。

⑤ 无害原则。

无害原则要求任何网络行为对他人、网络环境和社会至少是无害的。这是最低的道德标准，是网络伦理的底线伦理。网络病毒、网络犯罪、网络色情等，都是严重违反无害原则的行为。

任务2 提高警惕，防微杜渐

任务描述

个人隐私的信息资料如果保存不善，将会被搜索偷窃或给犯罪分子以可乘之机，给个人带来不利后果，以下有两个典型任务，发人深省，令人警觉。所以针对个人的敏感信息，我们一定要提高警惕，妥善保存。

任务解析

1. 滥用"人肉搜索"危害无穷

在我国，"人肉搜索"的威力早已是妇孺皆知。正如有人所言："如果你爱他，把他放到人肉引擎上去，你很快就会知道他的一切；如果你恨他，把他放到人肉引擎上去，因为那里是地狱……"作为一把双刃剑，"人肉搜索"一旦被网友滥用，就将如脱缰的野马，与暴力无异，危害无穷。

第一，滥用"人肉搜索"容易造成侵犯公民个人隐私。网络虽然是一个公开的平台，是一个谁都可以畅所欲言的场所，但这并不意味着可以随意公开他人的隐私信息。"人肉搜索"被滥用往往会造成他人隐私受到侵犯，如图14-5所示。

第二，滥用"人肉搜索"易造成以讹传讹。众所周知，通过广大网友共同参与的"人肉搜索"，可以令事件当事人的真实情况浮出水面，有利于澄清事实，还原真相，避免网络的模糊传播。然而，遭到滥用的"人肉搜索"，往往会因为"从众效应"，导致很多网友在没有弄清事实真相的时候就会盲目跟风，导致以讹传讹，铸成大错。

第三，滥用"人肉搜索"易造成人身攻击。置身于茫茫网络中的网友们，大都认为自己是"铁肩担道义"的正义人士，对"人肉搜索"的有关当事人往往不分青红皂白就大肆抨击，甚至进行人身攻击，增进了网络舆论的无序化。

显然，背弃了社会公德和超越了法律界限的"人肉搜索"危害无穷。除了受害人应通过法律手段来维护自己的合法权益之外，有关部门也应加快研究出台相关办法，采取必要的法律或者行政手段来规范"人肉搜索"行为，杜绝"人肉搜索"被别有用心的人滥用，维护社会正义和网络新秩序，如图 14-6 所示。

》图 14-5　人肉搜索漫画 1

》图 14-6　人肉搜索漫画 2

2．人民日报：谁动了我的聊天记录

近年来，随着现代通信技术和互联网技术的普及，公民个人信息资料屡屡被窃，不法分子通过倒卖公民个人信息牟取暴利，致使公民的个人隐私和财产安全受到前所未有的威胁。

公安部相关负责人归纳了此类违法犯罪活动的特点。

① 形成犯罪网络和利益链条。一些犯罪分子大肆向掌握公民个人信息的部门内部人员购买信息，并通过网络相互买卖，形成了公民个人信息的网络交易平台，如图 14-7 所示。

② 与诈骗等下游犯罪相互交织，危害巨大。一些犯罪团伙和非法调查公司利用非法获取的公民个人信息进行电信诈骗、敲诈勒索和绑架、暴力讨债等违法犯罪活动，如图 14-8 所示，令人民群众深恶痛绝。

》图 14-7　个人信息泄露漫画 1

》图 14-8　个人信息泄露漫画 2

③ 作案隐蔽性很强，极易销毁证据。犯罪分子主要是利用网络进行倒卖信息活动，用的都是虚拟身份，为了逃避打击，经常变换身份，交易成功后立即销毁作案证据。

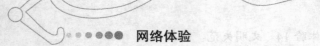

关于加强网络信息保护的决定开宗明义，第一条就明确指出，国家保护能够识别公民个人身份和涉及公民个人隐私的电子信息。任何组织和个人不得窃取或者以其他非法方式获取公民个人电子信息，不得出售或者非法向他人提供公民个人电子信息。

公安机关提醒广大群众，要切实增强个人信息保护意识，不要轻信或轻易将个人信息提供给无关人员；发现个人信息被泄露并造成严重后果的，要及时向公安机关报案。

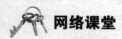 网络课堂

1．网络犯罪与防范

网络犯罪是指行为人运用计算机技术，借助于网络对其系统或信息进行攻击，破坏或利用网络进行其他犯罪的总称。网络犯罪是针对和利用网络进行的犯罪，网络犯罪的本质特征是危害网络及其信息的安全与秩序。

同传统犯罪相比，网络犯罪有如下特点：成本低、传播迅速、传播范围广；互动性、隐蔽性高，取证困难；具有严重的社会危害性。防范网络犯罪应从以下几个方面入手。

（1）以技术治网。

网络犯罪是利用计算机技术和网络技术实施的高科技犯罪，因此，防范网络犯罪首先应当依靠技术手段，以技术治网。主要措施如下。

① 防火墙技术。该软件利用一组用户定义的规则来判断数据包的合法性，从而决定接受、丢弃或拒绝。

② 数据加密技术。在计算机信息的传输过程中，存在着信息泄漏的可能，因此需要通过加密来防范。

③ 掌上指纹扫描仪。该仪器可以将用户的指纹记录下来，存入指纹档案库。当用户登记使用该计算机系统时，扫描仪还会将用户的指纹与档案库中的指纹相对照，只有当指令与指纹均相符时，才能进入系统。

④ 通信协议。通过改进通信协议增加网络安全功能，是改善网络措施的又一条途径。

网络犯罪行为人往往都精通计算计及网络技术，包括安全技术，因而侦察与反侦察、追捕与反追捕的战斗，将在很大程度上体现为一场技术上的较量。只有抢占技术制高点，才有可能威慑罪犯，并对已经实施的网络犯罪加以有效打击。

（2）依法治网。

仅从技术层面来防范网络犯罪是不够的，因为再先进的技术，总有破解的方法，而一旦陷入攻防循环之中，就有可能造成社会财富的极大浪费，而且达不到预防犯罪的目的，所以，要更有效地防范网络犯罪，还得靠法律，实行依法治网。

（3）以德治网。

网上交往的虚拟性，淡化了人们的道德观念，削弱了人们的道德意识，导致人格虚伪。加强网络伦理道德教育，提倡网络文明，培养人们明辨是非的能力，使其形成正确的道德观，是预防网络犯罪的重要手段之一。

2．网络隐私权

（1）概念。

网络隐私权是指自然人在网上享有的与公共利益无关的个人活动领域与个人信息秘密依法受到保护，不被他人非法侵扰、知悉、收集、利用和公开的一种人格权；也包括第三人不得随意转载、下载、传播所知晓他人的隐私，恶意诽谤他人等。

（2）主要表现。

从行为上来看，侵犯网络隐私权主要表现在以下几个方面。

① 通过网络宣扬、公开或转让他人隐私。

即未经授权在网络上宣扬、公开或转让他人或自己和他人之间的隐私。

② 未经授权收集、截获、复制、修改他人信息。

黑客的攻击：他们通过非授权的登录（如让"特洛伊木马"程序打着后门程序的幌子进入你的计算机）等各种技术手段攻击他人的计算机系统，窃取和篡改网络用户的私人信息，而被侵权者很少能发现黑客的身份，从而引发了个人数据隐私权保护的法律问题。

专门的网络窥探业务：大批专门从事网上调查业务的公司进行窥探业务，非法获取、利用他人隐私。

垃圾邮件泛滥：网络公司为获取广告和经济效益，通过各种途径得到用户个人信息，后将用户资料大量泄露给广告商，而后者则通过跟踪程序或发放电子邮件广告的形式来"关注"用户行踪。

3．网络诈骗

网络诈骗是为达到某种目的在网络上以各种形式向他人骗取财物的诈骗手段。

（1）欺骗手段。

① 黑客通过网络病毒方式盗取他人的虚拟财产。一般不需要经过被盗人的程序，在后门进行，速度快，而且可以跨地区传染，使侦破时间更长。

② 网友欺骗。一般指的是通过网上交友，待获取被盗者的信任后再获取财物资料的方式。速度慢，不过侦破速度较慢。

（2）提防手段。

① 增强自我意识。"天下没有免费的午餐"，现在很多网页挂马都为广告方式使网友中毒，所以不要贪图速度，很容易一不小心就点错。

② 为计算机安装强有力的杀毒软件和防火墙。定时更新，提防黑客侵入。

（3）防骗技巧。

① 链接要安全。

在提交任何关于你自己的敏感信息或私人信息（尤其是信用卡卡号）之前，一定要确认数据已经加密，并且是通过安全连接传输的。

② 保护计算机安全

确保计算机防火墙、防毒软体等维持最新更新状态，以防各类病毒或木马侵入。在线进行大额度交易前，最好先查看计算机是否中毒。

 **相关链接**

绿色网络与违法不良信息举报

1. 中国网民文化节官网（http://www.wangminjie.cn/）

中国网民文化节着重于全方位提高网民对互联网的认知度，加强推广互联网领域的各项有益信息交流，传递最新网络应用动态，选定一个属于网民自己的节日，推动互联网文化建设，促进行业发展。

绿色网络之旅（http://green.wangminjie.cn/）是中国网民文化节官网下属的主题网站。在该网站可看到非常多的典型案例，以此来提高认识。

2. 中国互联网违法和不良信息举报中心（http://www.12377.cn）

中国互联网违法和不良信息举报中心发挥社会公众监督作用，搭建公众参与网络治理的平台。其职能是维护互联网信息传播秩序，维护网民权益，受理处置网民举报的违法和不良信息，推进网络空间法治化建设，实现网络空间清朗。

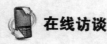 **在线访谈**

网络综合征探秘

1. 概念

网络综合征就是在网上持续操作的时间过长，随着乐趣的不断增强而欲罢不能，难以自控，有关网络上的情景反复出现在脑际，漠视了现实生活的存在，如图 14-9 所示。

国内中学生的确存在网络成瘾或沉迷现象。被判定为成瘾的学生，每周平均上网时数在20小时以上，明显高出未上瘾者，而且每周的上网时间越长，网络沉迷的倾向越高。这些沉迷于网络的学生经常无法有效控制管理上网时间与金钱，甚至因为上网时间太长而赔上健康。也就是说，上网时间愈来愈长，就会情不自禁想再上网，一旦不上网便十分痛苦，而每周的上网时间愈多，所出现的人际关系问题也会更加严重。

2. 形成原因

形成网瘾的病因很多，可以总体归纳为外因和内因两个方面。外因主要是指社会环境和家庭教育的影响；内因主要是指满足感缺失、生理及人格方面的影响。

（1）外因。

外因仅是被动因素，属表因，是形成网瘾的诱因。

社会环境包括网吧的出现、网络游戏的流行、同学之间的攀比从众等。鉴于青少年意志力薄弱，善于相互模仿，所以青少年网络成瘾与社会环境有着密切的关系。

家庭教育包括家庭环境及教育方式等，家庭教育是导致青少年产生网瘾的重要因素。

（2）内因。

内因是主导因素，属本因，是导致网瘾的重要因素。

满足感缺失包括学业失败、孤独感、人际障碍等。有网瘾的大部分人群都会出现学业失败，为满足自己的内心，最容易在网络的虚拟世界中重新找到失去的自我和可以满足的成就感，如图 14-10 所示。

※ 图 14-9　网络综合征漫画 1

※ 图 14-10　网络综合征漫画 2

生理及人格因素主要包括生理特点和人格特征等。网瘾的高发人群多为 12～18 岁的青少年，这个时期的孩子的意识比较弱化，理解判断力差，自控能力也比较差。他们往往反叛心理严重，对新鲜事物又充满了好奇，寻求刺激、惊险和浪漫，而网络游戏、色情和聊天恰好对应了青少年的心理需求，他们自然就会对网络成瘾。

3. 主要症状

患有网络综合征的人，初时是精神依赖，渴望上网"游"；随后发展为躯体依赖，表现为情绪低落，头昏眼花，双手颤抖、疲乏无力，食欲不振等。

青少年是网络综合征的易感人员，因为青少年正值青春期，心理发育还不成熟，自制能力差，容易产生逆反心理，特别容易出现心理和行为的偏差。

网络综合征的主要症状有：上网后精神极度亢奋并乐此不疲，长时间使用网络以获得心理满足，上网后行为不能自制，或通过上网来逃避现实，并时常出现焦虑、忧郁、人际关系淡漠、情绪波动、烦躁不安等现象；上网时间每次都超过计划，甚至整夜地游荡在虚幻的环境中，而到白天工作或学习时则昏昏欲睡，对现实生活无兴趣；不上网时手指会不停地运动，严重时全身打颤、痉挛、摔毁器物。

4. 自我诊断

怎么判断一个人是否对网络游戏、上网聊天等上了瘾？国外心理学家提出 8 项标准可以自我诊断网瘾综合征。

（1）你是否觉得上网已占据了你的身心？

（2）你是否觉得只有不断增加上网时间才能感到满足，从而使得上网时间经常比预定时间长？

（3）你是否无法控制自己上网的冲动？

（4）每当互联网的线路被掐断或由于其他原因不能上网时，你是否会感到烦躁不安或情绪低落？

（5）你是否将上网作为解脱痛苦的唯一办法？

（6）你是否对家人或亲友隐瞒迷恋互联网的程度？

（7）你是否因为迷恋互联网而面临失学、失业或失去朋友的危险？

（8）你是否在支付高额上网费用时有所后悔，但以后仍然忍不住还要上网？

如果你有其中 4 项或 4 项以上表现，并已持续一年以上，就表明你已患上了网络综合征。

5. 影响危害

计算机工作时，若人们较长时间处于电磁辐射环境中而又没有进行必要的保健，就会引起中枢神经失调。

（2）长期操作计算机，注意力高度集中，眼、手指快速频繁运动，使得人的生理、心理都不堪重负，从而产生失眠多梦、神经衰弱、头部酸胀、机体免疫力下降等病症，甚至诱发一些精神方面的疾病。

（3）思维定势错位。与计算机交流只需下达正确的命令，这样就容易使长期从事计算机操作的人养成要不就坚持、要不就放弃的思维定势，并延续到处理人际关系中，从而出现了"定势错位"。

（4）操作不当容易对身体产生直接影响。

坐姿：使用计算机时一般都保持着固定的姿势，时间长了就会出现腰酸颈直、头胀眼干、全身不适等症状。长时间连续操作、姿势不当还会引发颈椎病等。

击键：人们在使用鼠标时，总是集中、机械地活动一两根手指，长期密集、重复和过度地活动逐渐形成了手腕关节的麻痹和疼痛。

用眼：人们较长时间"目不转睛"地盯着显示屏，常常感到双眼干涩、酸胀、看不清东西，经常犯困等。

环境：网吧的空间小，人员多，若有人在室内抽烟，就会令上网的青少年成为"二手烟"的受害者。

6. 解决方法

网络的积极作用毋庸置疑，关键是要把握好度。建议青少年每天的上网时间不要超过 3 个小时，而且要有良好的心态。要利用网络来开拓视野、增长知识和扩大交往面，而不是将自己与现实世界隔离，发泄情绪。同时学会自我调节，舍弃网络上那些虚拟的东西。此外，还要丰富业余文化生活，如旅游、串门、下棋、体育运动等，不可陷入"非上网不可"的陷阱。一旦罹患网络综合征，要尽快就医，求得心理帮助。

 文明上网小贴士

安徽省文明上网四字歌如图 14-11 所示。

》图 14-11　安徽省文明上网四字歌

 **警示窗**

国信办：坚决制止"人肉搜索"等网络暴力行为

近日，因为服装店店主蔡某怀疑一个女孩是小偷，将截图发布到了网络上，让网友对其发起"人肉搜索"。结果，某省某市的高中女生琪琪的个人隐私信息被曝光，琪琪不堪忍受，投河身亡。

2013 年 12 月 17 日，国家互联网信息办公室网络新闻协调局局长刘正荣就"高中女生琪琪

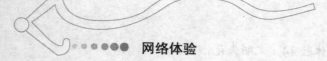
投河身亡"事件，接受环球网采访。

刘正荣说，"人肉搜索"是一种网络暴力行为，是不道德的，也是违法的。对发起"人肉搜索"，造成有害影响的，损害他人合法权益的，将依法追究责任。

刘正荣告诫网站应承担管理责任，发现"人肉搜索"行为，应及时制止，对不尽责的，也将追究责任。

刘正荣强调，我们是法制社会，在网络空间不能无法无天。我们坚决反对"人肉搜索"等网络暴力行为，将采取一系列措施制止这类行为，维护公民合法权益和公共秩序。

（资料来源：环球时报）

思考与讨论

1. 如何保护个人隐私，避免个人信息泄露？
2. 如何预防网络诈骗？
3. 如何避免网络沉溺？

体验 15　提高警惕，安全防御

任务　网络安全设置

任务描述

　　互联网是一个很方便的世界，在互联网你可以很轻松地找到你喜爱的站点，而其他人，如黑客也能很方便地连接到你的计算机。实际上，很多计算机都因为在线安全设置不到位而无意间在计算机和系统中留下了"后门"，也就相当于给黑客打开了大门。为维护网络安全，下面对系统进行一些必要的安全设置。

任务解析

　　网络安全设置包括操作系统安全设置、Internet 选项安全设置、防火墙设置等方面，做好预防措施不但能保护计算机的安全，还能阻止外来的攻击。

1. 操作系统安全设置

（1）禁用不必要的服务。

选择"开始"→"控制面板"→"管理工具"→"服务"命令，打开"服务"窗口，如图 15-1 所示，双击"Telnet"选项，在"常规"选项卡的"启动类型"下拉列表中选择"已禁用"选项，单击"确定"按钮即可，如图 15-2 所示。

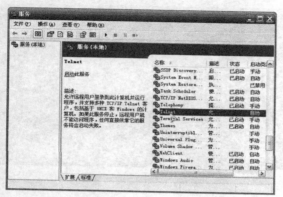

≫ 图 15-1　服务窗口

≫ 图 15-2　"禁用"设置

（2）关闭用于共享的端口。

端口 137、138、139 和 445 是专为共享而开设的，在上网时用户并不需要与他人共享本机文件，可以将这些端口一次性关闭，以防止非法入侵。

右击"我的电脑"，在弹出的快捷菜单中选择"属性"命令，在打开的"系统属性设置"窗口中，选择"硬件"→"设备管理器"命令，打开"设备管理器"窗口，选择"查看"→"显示隐藏的设备"命令，如图 15-3 所示，在"非即插即用驱动程序"选项区域中右击"NetBios over Tcpip"选项，在弹出的快捷菜单中选择"停用"命令，如图 15-4 所示，关闭各对话框后重新启动计算机即可。

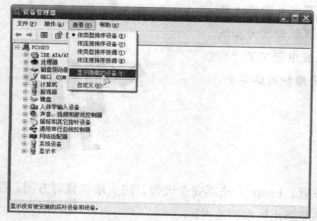

≫ 图 15-3　设备管理器

≫ 图 15-4　"停用"设置

（3）数据备份

依次单击"开始"→"程序"→"附件"→"系统工具"→"备份"命令，如图 15-5 所示，弹出"备份或还原向导"对话框，选择要备份的驱动器、文件夹和文件，如图 15-6 所示。如果想自定义备份，可单击"高级模式→备份→勾选备份的驱动器→备份目的地→备份文件名→开始备份"选项。

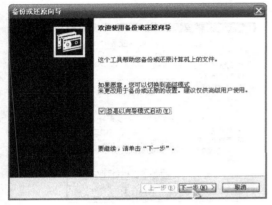
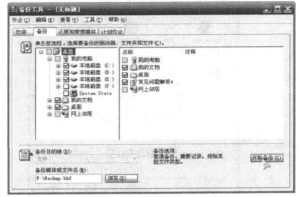

※ 图 15-5　备份向导　　　　　　　　　※ 图 15-6　备份工具

2．Internet 选项安全设置

（1）安全级别设置

在 IE 浏览器窗口中选择"工具"→"Internet 选项"命令，弹出"Internet 选项"对话框，选择"安全"选项卡，列出了 4 个不同的区域："Internet""本地 Intranet""受信任的站点""受限制的站点"。在"该区域的安全级别"选项区域中移动滑块设置该区域的安全级别，安全级别有"高""中""中低""低"4 种，如图 15-7 所示。

（2）防止填写信息泄露。

自动完成功能存储了用户以前使用过的条目，当用户输入的前几项信息与自动完成功能所存储的信息一致时，其就会自动显示出以前所填写过的信息。

为了防止信息被其他用户获取，可以对自动完成功能进行设置，在如图 15-7 所示的对话框中选择"内容"选项卡，单击"自动完成"选项区域中的"设置"按钮，弹出"自动完成设置"对话框，如图 15-8 所示，勾选"地址栏""表单""表单上的用户名和密码"复选框，再单击"删除自动完成历史记录"按钮，清除机器内存储的历史记录，单击"确定"按钮即可。此后在浏览网页时所输入的 Web 地址及表单上的用户名和用户密码等就不会再自动显示出来了。

3．防火墙设置

选择"开始"→"控制面板"→"Windows 防火墙"命令，弹出"Windows 防火墙"对话框，如图 15-9 所示。选中"启用（推荐）"单选按钮，启动防火墙过滤拦截。如果计算机内的

正常程序被拦截，需选择"例外"选项卡，单击"添加程序"按钮，如图 15-10 所示，添加合法的程序，单击"添加端口"按钮，添加合法使用的端口。如果恶意程序或插件在"例外"序列，可在列出的程序中选择，单击"删除"按钮，再单击"确定"按钮，即可打开防火墙，为计算机的入侵防范增加保障。

※ 图 15-7 "安全级别"设置

※ 图 15-8 自动完成设置

※ 图 15-9 启用防火墙

※ 图 15-10 添加程序

 网络课堂

1. 网络安全及防范

（1）网络安全的含义。

网络安全是指网络系统的硬件、软件及系统中的数据受到保护，不因为偶然的或者恶意的原因而遭到破坏、更改、泄露，系统连续、可靠、正常地运行，使网络服务不中断。

网络安全主要包括以下含义。

① 网络运行系统安全。

② 网络上系统信息的安全。

③ 网络上信息传播的安全，即信息传播后果的安全。

④ 网络上信息内容的安全。

（2）网络安全防范。

常见的来自外部的攻击主要有两个方面。一是网络病毒的感染，网络病毒具有扩散面广、破坏性大、传播性强等新特点，所以电子邮件的附件成为网上病毒传播的主要途径。二是来自黑客的攻击，黑客的攻击会破坏网络上的信息资源，攻击计算机系统，窃取不属于他们的东西，黑客攻击是目前网络安全面临的主要威胁。

① 增强安全防范意识。

对于网络用户来说，提高网络安全防范意识是解决网络安全问题的根本。具体地说，对于来自于网上的东西都要持谨慎态度。

② 安装功能强大的防病毒软件。

防范网络病毒最基本的措施之一是安装功能强大的防病毒软件，并保证及时更新最新的病毒特征码。

③ 选用合适的防火墙系统。

防火墙对所有进出局域网的数据进行分析，或对用户身份进行认证，从而防止有害信息的侵入和非法用户的进入，达到保护网络安全的目的。

④ 设置网络口令。

对于个人用户来说，设置网络口令是一种最容易实现的安全防范措施，当用户要进入系统时，应先向系统提交其用户标识和口令。

⑤ 控制访问权限。

访问权限控制技术是用来规定用户对文件、数据库和设备等资源的访问权限的，从而保证资源的安全，实现资源的安全共享。该技术一般被用在网络中的文件系统、数据库系统、设备管理系统之中，使每个用户只能在自己的权限范围内使用网络资源。

⑥ 禁用不必要的服务。

通常系统会默认启动许多服务，其中有些服务是普通用户根本用不到的，不但占用系统资源，还有可能被黑客利用。对安全威胁较大的服务，普通用户一定要禁用它。

⑦ 数据备份。

数据备份是为防止系统出现操作失误或系统故障导致数据丢失，而将全部或部分数据集合从应用主机的硬盘或阵列复制到其他的存储介质的过程。

2. 涉密计算机和网络

运用采集、加工、存储、传输、检索等功能，处理涉及国家秘密信息的计算机通常称为涉密计算机。

所谓涉密网络信息系统，是指传输、处理、存储含有涉及国家秘密的计算机网络系统。

（1）涉密计算机不得使用无线网卡、无线鼠标、无线键盘。

无线键盘、无线鼠标、无线网卡等都是具有无线互联功能的计算机外围设备。这些设备与计算机之间是通过无线方式连接的，无线通信使用的是开放式的无线信道，所传输的信号是暴露在空中的，只要使用具有接收功能的技术设备，就可以在用户不知情的情况下，截获通信信息或建立通信链接。

如果涉密计算机使用无线键盘，所传输的信息就能够被相关的接收设备截获并还原，也就是说，在无线键盘上的每一个操作，都有可能清晰地还原在计算机屏幕上。

（2）涉密计算机不得接入互联网等公共信息网络。

涉密计算机接入互联网、有线电视网、固定电话网、移动通信网等公共信息网络，可能被境外情报机构植入"木马"窃密程序，带来泄密隐患。

涉密计算机与公共信息网络必须实行物理隔离，即与这些公共信息网络之间没有任何信息传输通道。

（3）涉密计算机设置口令的要求。

涉密计算机应严格按照国家保密规定和标准设置口令。

处理秘密级信息的计算机，口令长度应不少于8位，更换周期不超过1个月。设置口令时，要采用多种字符和数字混合编制。

处理绝密级信息的计算机，应采用生理特征（如指纹、虹膜）等强身份鉴别方式。

（4）涉密计算机的安全保密防护软件和设备不得擅自卸载。

涉密计算机的安全保密防护软件和设备，为涉密计算机存储、处理涉密信息提供安全保障。例如，防病毒软件可防范计算机感染病毒、"木马"等恶意程序；主机监控与审计软件可对主机非法或入侵操作进行检查。

3. 防火墙

（1）定义。

所谓防火墙，是指一个由软件和硬件设备组合而成，在内部网和外部网之间、专用网与公共网之间的界面上构造的保护屏障，是一种获取安全性方法的形象说法。它是一种计算机硬件和软件的结合，使互联网（Internet）与内部网络（Intranet）之间建立起一个安全网关（Security Gateway），从而保护内部网免受非法用户的侵入，如图15-11所示。防火墙主要由服务访问规则、验证工具、包过滤和应用网关4个部分组成。

>> 图 15-11 "防火墙"示意图

（2）特征。

典型的防火墙具有以下 3 个方面的基本特性。

① 内部网络和外部网络之间的所有网络数据流都必须经过防火墙。

② 只有符合安全策略的数据流才能通过防火墙。

③ 防火墙自身应具有非常强的抗攻击免疫力。

 **相关链接**

互联网应急中心级网络违法犯罪举报

1. 国家互联网应急中心

国家互联网应急中心（http://www.cert.org.cn），是一个非政府非营利性的网络安全技术协调组织，主要任务是：按照"积极预防、及时发现、快速响应、力保恢复"的方针，开展中国互联网网络安全事件的预防、发现、预警和协调处置等工作，以维护中国公共互联网环境的安全，保障基础信息网络和网上重要信息系统的安全运行。

2. 网络违法犯罪举报网站

网络违法犯罪举报网站（http://www.cyberpolice.cn/wfjb）受理涉嫌违反《全国人民代表大会常务委员会关于维护互联网安全的决定》《互联网信息服务管理办法》等法律法规有关条款规定，利用互联网或针对网络信息系统从事违法犯罪行为的线索。

3. 中国安全教育网

2010 年 9 月，校园安全工程门户网站——中国安全教育网（http://www.safetree.com.cn）发布上线。作为国内最大的安全知识学习平台，该网站以"关注青少年安全成长"为核心，以漫画、视频、动画生动展示安全知识，全方位提高学生的安全素质。

 手机在线

腾讯手机管家

（1）在浏览器地址栏中输入软件下载的官方网址："http://m.qq.com/"，打开腾讯手机管家页面,如图 15-12 所示,单击"立即下载"按钮,下载到本地计算机再安装到手机,或用手机直接扫描二维码,链接网址,单击"立即安装"按钮,进行安装即可。

» 图 15-12　腾讯手机管家免费下载(右侧为二维码放大图)

(2)在腾讯手机管家的主界面中单击"一键优化"按钮,如图 15-13 所示,对手机进行全面优化处理。

手机使用时间一长,垃圾文件逐渐增加,下载过的安装包也有留存,这时可单击"清理加速"图标,对垃圾文件、多余安装包、后台软件和软件缓存进行清理扫描,扫描结束后单击"一键清理加速"按钮,或单击右上角的"手机瘦身"按钮,进行详细分类清理。

单击"安全防护"图标,进入如图 15-14 所示的"安全防护"界面,单击"立即扫描"按钮,腾讯手机管家将对网络环境、系统漏洞、病毒木马、支付环境、账号安全和隐私报名 6 项内容进行扫描。若日常生活经常使用微信支付,可单击"微信支付安全"图标,登录微信账号,检查如图 15-15 所示的 6 项内容是否处于安全状态。

» 图 15-13　腾讯手机管家主界面　　» 图 15-14　"安全防护"界面　　» 图 15-15　微信支付安全

(3)在公共场所,很多人习惯使用免费 Wi-Fi,但是潜在的风险不是所有人都提前预防的。这时在如图 15-13 所示的主界面中单击"免费 Wi-Fi"图标,安装"腾讯 Wi-Fi 管家",进入如图 15-16 所示的主界面。单击"体检测速"图标,进入如图 15-17 所示的界面,对本 Wi-Fi 进行检查,出现右侧的"安全"提示,并开启支付安全保护,防止支付隐私被泄露,设置好后方可放心使用。

（4）电话或短信诈骗防不胜防，不胜其扰，典型的"响一声"骚扰电话，利用的就是人们的好奇心理，引诱用户回拨，电话那边很可能是那种打一次扣几元话费的吸费陷阱。

在腾讯手机管家主界面单击"骚扰拦截"图标，进入如图 15-18 所示的功能界面，这里分别列出了"电话""短信"的拦截列表，列表中列出了别人标记的骚扰电话和陌生电话，可将陌生电话做"广告推销""房产中介""诈骗电话"等标记处理，以便再次来电后提示。也可单击右下角的"帮家人防骗"按钮，为家人开辟预防诈骗的防火墙。

※ 图 15-16 腾讯 Wi-Fi 管家

※ 图 15-17 Wi-Fi 安全测试

※ 图 15-18 骚扰拦截

文明上网小贴士

青少年安全上网十大秘籍

（1）微信朋友圈禁止陌生人查看照片：选择"发现"→"附近的人"→"清除位置并退出"选项，这样就不暴露自己的所在位置了。选择"我"→"设置"→"隐私"选项，取消对朋友圈权限的"允许陌生人看十张照片"选择。

（2）小心微博相册发布范围：如果发布的内容涉及个人信息，最好设置为"仅自己可见"或"分组可见"，尽量不要设置为"公开"，以免带来不必要的麻烦。

（3）慎用公共场所免费网络：在使用免费 Wi-Fi 时，第一要看准提供者，最好是有加密认证的；第二，在一些公共区域，尽量不使用带有个人账号和密码信息的软件。

（4）不乱扫二维码：最好在手机上安装二维码检测工具。

（5）小心恶意软件：在下载软件前最好先做调查，看评论，避免进入不合法的软件站点下载，最好使用新版的反病毒软件。

（6）当心游戏内置收费项目：不要把银行卡与账户相关联；去官方商店下载游戏，下载之前可查看评论，如果发现该游戏有类似的问题建议不要安装。

（7）网络购物应谨慎：一定要通过第三方交易平台支付；认真核查卖家的信誉度；不要被

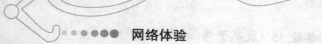

低价迷花眼；票据、聊天记录要保存。

（8）合理使用网银：绝不告诉他人密码；使用U盾、绑定手机；手工输入正确网址登录网银，并将之添加到收藏夹；安装杀毒软件、防火墙并及时升级系统补丁；不打开来历不明的电子邮件和手机短信中的链接。

（9）山寨App防不胜防：第一，要在可信度较高的官方商店下载；第二，仔细识别下载量及用户评论，一般来说下载量最大的App是官方的概率最大；第三，认真查看开发商资料及其所有的其他产品，因为大多数山寨App都是单一产品。

（10）游戏装备小心买：应尽可能采取现实中的"一手交钱一手交物"或"先收货再付款"模式，尤其要警惕所谓网上先行支付押金、保证金等情形。要注意核对支付平台或网上银行的相关网址，避免登录钓鱼网站。

 **警示窗**

1."棱镜门"敲响全球网络安全警钟

英国作家奥威尔曾在其小说《1984》中"创造"出一个监控人们一言一行的假想国度"大洋国"。2013年6月6日，美国网络监控项目"棱镜"曝光，似乎折射出小说的现实意义。

棱镜计划（PRISM）是一项由美国国家安全局（NSA）自2007年小布什时期起开始实施的绝密电子监听计划。监控的类型有10类：信息电邮、即时消息、视频、照片、存储数据、语音聊天、文件传输、视频会议、登录时间、社交网络资料的细节。其中包括两个秘密监视项目，一是监听民众电话的通话记录，二是监视民众的网络活动。

作为当今世界最发达的互联网大国，美国从克林顿时代的网络基础设施保护，到布什时代的网络反恐，再到奥巴马时代的创建网络司令部，美国的国家信息安全战略已演变为"从防护到威慑"。德国《明镜周刊》刊文说，"9·11"恐怖袭击后，美国的安全结构被大幅调整，各安全机构之间建立了广泛的信息流，自由与安全的关系也被改变。

"棱镜"项目曝光后，白宫频频将"反恐"作为说辞和"脱罪"借口。美国总统奥巴马2013年6月9日辩护说："你不能在拥有100%安全的情况下，同时拥有100%隐私和100%便利。"美国家安全局官员允诺，将拿出更多该项目在反恐工作中发挥作用的证据。

一些西方媒体认为，"棱镜门"丑闻是奥巴马政府对欧洲乃至全球信息霸权独享和控制的体现，造成了包括美国国内和世界范围内的网络信息安全恐慌。

中国外交部发言人华春莹2013年6月14日在记者会上表示，中方坚决反对一切形式的黑客攻击。网络空间需要的不是战争和霸权，而是规则和合作。

[资料来源：新华社（北京2013年6月16日电）]

2. 黑客攻击

（1）黑客攻击的种类。

黑客攻击可分为非破坏性攻击和破坏性攻击两类。非破坏性攻击一般是为了扰乱系统的运行，并不盗窃系统资料，通常采用拒绝服务攻击或信息炸弹。破坏性攻击是以侵入他人计算机系统、盗窃系统保密信息、破坏目标系统的数据为目的的。

（2）黑客常用的攻击手段。

① 后门程序。

黑客会利用穷举搜索法发现并利用程序设计时遗留的模块密码入口（俗称后门）进入系统并发动攻击。

② 信息炸弹。

信息炸弹是指使用一些特殊工具软件，短时间内向目标服务器发送大量超出系统负荷的信息，造成目标服务器超负荷、网络堵塞、系统崩溃的攻击手段。

③ 拒绝服务。

拒绝服务是使用超出被攻击目标处理能力的大量数据包来消耗系统的可用系统、带宽资源，最后致使网络服务瘫痪的一种攻击手段。

④ 网络监听。

网络监听是一种监视网络状态、数据流以及网络上传输信息的管理工具，它可以将网络接口设置在监听模式，并且可以截获网上传输的信息，通常被用来获取用户口令。

⑤ 密码破解。

密码破解也是黑客常用的攻击手段之一。

思考与讨论

1. 结合日常生活，谈谈计算机如何进行防护才安全。

2. 如何预防手机骚扰短信、电话？

3. 如何养成良好的上网习惯，预防网络陷阱？

体验 16 安全防御，从我做起

任务 1 全面保护上网安全

——计算机的安全防护

任务描述

我们正在使用的计算机安全吗？经常对其进行体检吗？让我们在计算机上安装安全防护软件，对计算机进行扫描，看看是否有系统漏洞没有修复，系统垃圾是否被及时清理，是否可以再提升计算机的性能。

任务解析

安装 360 安全卫士，对电脑进行系统修复、木马查杀、垃圾清理，以此来提高电脑的运行速度，清查安全威胁，对系统进行防御加固。

1．下载安装 360 安全卫士

登录 360 安全中心官方网站（www.360.cn），下载 360 安全卫士，把安装文件"inst.exe"下载到本地硬盘，然后双击进行安装即可。360 安全卫士主界面如图 16-1 所示。

》图 16-1　360 安全卫士主界面

2．常用安全维护

（1）电脑体检。

每次运行本程序后，单击左上角的"电脑体检"按钮，对故障、垃圾、安全等进行全方位检测，不留死角，体检报告如图 16-2 所示。单击"一键修复"按钮进行修复处理。

》图 16-2　体检报告

（2）电脑清理。

为养成良好的清理习惯，让电脑保持最轻松的状态，单击"电脑清理"按钮，如图 16-3 所示，单击"全面清理"按钮，或单击"单项清理"按钮，列出了 6 项清理内容，根据需要选择相应的清理内容。在右下角还提供了"微信清理""系统盘瘦身"和"查找大文件"等功能，清理本地硬盘的多余垃圾，并最大限度地释放系统盘的空间。

» 图 16-3　电脑清理

3. 系统修复

系统修复是检测系统中需要升级的补丁以及存在的系统漏洞、安全风险，提高计算机系统安全性。单击"系统修复"按钮，如图 16-4 所示，单击"全面修复"按钮，下载并安装系统补丁，补丁全部安装成功后重启计算机使其生效；或单击"单项修复"中的"常规修复""漏洞修复""软件修复"或"驱动修复"中的某个按钮，进行单项修复，扫描完成后，选择需修复的选项，单击"完成修复"按钮。

» 图 16-4　系统修复

4. 木马查杀

360 安全卫士内置 5 个引擎，默认状态下自动开启了 3 个查杀引擎（360 云查杀引擎、360 启发式引擎和 QEX 脚本查杀引擎），另外两个引擎（QVMⅡ人工智能引擎和小红伞本地引擎）需用户自行开启。如图 16-5 所示，提供了 3 种扫描方式："快速查杀""全盘查杀""按位置查杀"。单击"快速查杀"按钮，显示扫描进度及结果，电脑中的木马将被清除；如果误删了文件，可单击左下角的"恢复区"，选中需恢复的选项，单击"恢复所选"按钮即可。

》 图 16-5　木马查杀（右侧为放大的查杀引擎设置按钮）

5. 防蹭网

在 360 安全卫士主界面单击"功能大全"按钮，出现如图 16-6 所示"功能大全"显示区，很多功能非常好用，分类选项有"电脑安全""网络优化""系统工具"和"实用工具"等。

》 图 16-6　功能大全

》 图 16-7　防蹭网

蹭网就是指用自己电脑的无线网卡连接他人的无线路由器上网，而不是通过正规的 ISP 提供的线路上网。蹭网虽然可以减免网费支出，但是，蹭网是一种入侵并盗用其他可上网终端带宽的行为，因为没有通过允许而使用了他人的上网资源。

单击"流量防火墙"按钮，打开如图 16-7 所示的"360 流量防火墙"窗口，单击"防蹭网"按钮，360 安全卫士检查出与本台电脑共用的路由器有 2 台未知设备，推测可能被蹭网。单击"修改密码"按钮，学习对路由器进行密码设置的知识，及时更改路由器密码，保护自己的带宽，以防蹭网。

 网络课堂

1. 系统漏洞和漏洞补丁修复

（1）系统漏洞。

系统漏洞是指应用软件或操作系统软件时在逻辑设计上的缺陷或在编写时产生的错误，这个缺陷或错误可以被不法者或者黑客利用，通过植入木马、病毒等方式来攻击或控制整个计算机，从而窃取计算机中的重要资料和信息，甚至破坏计算机系统。

（2）漏洞补丁修复。

从广义上来说，通过安装软件公司发布的补丁程序，来修补或修复此软件的缺陷，都叫"漏洞修复"。从狭义上来说，漏洞修复主要是指修复系统漏洞，除了通过打补丁的形式以外，还有部分系统漏洞可以通过安装防火墙、限制用户权限、停止不需要的系统服务来解决。

一般应用软件的漏洞，主要是通过升级软件的版本来解决。

当系统出现漏洞时会有很大的概率受到黑客攻击，因此可以利用360安全卫士、瑞星卡卡等第三方软件进行系统漏洞修复。

2. 流氓软件

（1）定义。

流氓软件介于计算机病毒和正版软件之间，同时具备正常功能（下载、媒体播放等）和恶意行为（弹广告、开后门），给用户带来实质危害。这些软件也可能被称为恶意广告软件、间谍软件、恶意共享软件。

（2）特点。

① 强制安装。指在未明确提示用户或未经许可的情况下，在用户计算机或其他终端上强行安装软件的行为。强制安装，安装时不能结束它的进程，不能选择它的安装路径，带有大量色情广告甚至计算机病毒。

② 难以卸载。指未提供通用的卸载方式，或在不受其他软件影响、人为破坏的情况下，卸载后仍活动或残存程序的行为。

③ 浏览器劫持。指未经用户许可，修改用户浏览器或其他相关设置，迫使用户访问特定网站或导致用户无法正常上网的行为。

④ 广告弹出。指在未明确提示用户或未经用户许可的情况下，利用安装在用户计算机或其他终端上的软件弹出色情广告等垃圾广告的行为。

⑤ 恶意收集用户信息。指未明确提示用户或未经用户许可，恶意收集用户信息的行为。

⑥ 恶意卸载。指未明确提示用户、未经用户许可，或误导、欺骗用户卸载非恶意软件的行为。

⑦ 恶意捆绑。指在软件中捆绑已被认定为恶意软件的行为。

⑧ 恶意安装。指在未经许可的情况下，强制在用户计算机里安装其他非附带的独立软件的行为。

金山网络和 QQ 管家

1．金山网络

在金山网络官方网站（http://www.ijinshan.com）可下载金山安全套装、金山毒霸、金山卫士、移动工具等，下载更多金山软件产品。

2．QQ 管家

在 QQ 管家官方网站（http://guanjia.qq.com/）下载 QQ 管家，对计算机进行安全保护，并在网站享受在线服务和管家论题的帮助，以此来干净、安静地守护计算机安全。

任务2　全面保护计算机安全
——计算机的病毒查杀

任务描述

你的计算机在操作过程中是否出现下面一些古怪的现象？例如，运行速度比平时慢，经常停止响应或死机，莫名其妙地自动重新启动，弹出异常错误信息。这些现象的产生是由于计算机可能感染了病毒。让我们安装杀毒软件，查杀计算机内的病毒，并进行安全防御设置，以保护计算机的运行安全吧。

任务解析

运行"360 杀毒"软件，对计算机进行扫描，查杀病毒；对计算机进行安全防御和系统加固，并根据需要对杀毒软件进行相应的设置。

1．下载安装"360 杀毒"软件

在浏览器地址栏中输入"http://sd.360.cn/"，单击"正式版"按钮，把安装文件"360sd.exe"下载到本地硬盘，然后双击进行安装即可。"360 杀毒"软件主界面如图 16-8 所示。

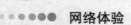

» 图 16-8 "360 杀毒"软件主界面（右侧为放大的查杀引擎开启按钮）

2．查杀病毒

"360 杀毒"软件提供了 3 种查杀病毒的扫描方式，如图 16-8 所示。单击"快速扫描"按钮，进行病毒扫描，如图 16-9 所示。查杀完毕后，扫描界面会显示如图 16-10 所示的查杀结果报告，报告中列出了威胁对象与处理状态等信息，单击"立即处理"按钮，对高危风险项、系统异常项等进行处理。

» 图 16-9　快速扫描 　　　　　　　　　　　 » 图 16-10　查杀结果

3．弹窗拦截

在主界面右下角单击"弹窗拦截"按钮，弹出如图 16-11 所示的 360 弹窗拦截器，可分别对"从不拦截"、"一般拦截"和"强力拦截"3 项进行选择，对软件弹窗广告进行有效拦截，让我们远离骚扰，安静上网。

4．功能大全

单击首页右侧的"功能大全"按钮，如图 16-12 所示，根据需要，对系统安全、系统优化和系统急救等分类进行功能选择。

5．"360 杀毒"设置

单击首页右上角的"设置"按钮，弹出"360 杀毒-设置"对话框，这里列出了 9 项基本设置，根据需要可进行选择设置，如图 16-13 所示，进行"实时保护设置"，可选择"防护级别"、"监控的文件类型"等选项，设置完毕，单击"确定"按钮，设置生效。

» 图 16-11　弹窗拦截

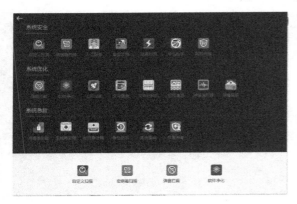

» 图 16-12　功能大全

» 图 16-13　实时保护设置

 网络课堂

木马病毒

1. 概念

"木马"程序是目前比较流行的病毒文件，与一般的病毒不同，它不会自我繁殖，也并不"刻意"地去感染其他文件，它通过将自身伪装吸引用户下载执行，向施种木马者提供打开被种者计算机的门户，使施种者可以任意毁坏、窃取被种者计算机中的文件，甚至远程操控被种者的计算机。

2. 危害

（1）盗取网游账号，威胁虚拟财产的安全。

木马病毒会盗取网游账号，并立即将账号中的游戏装备转移，再由木马病毒使用者出售这些盗取的游戏装备和游戏币而获利。

（2）盗取网银信息，威胁用户真实财产的安全。

木马病毒采用键盘记录等方式盗取个人网银账号和密码，并发送给黑客，直接导致用户产生经济损失。

（3）利用即时通信软件盗取个人身份信息，传播木马病毒。

在中了木马病毒后计算机会下载病毒作者指定的任意程序，具有不确定的危害性。

（4）给计算机打开"后门"，使计算机可能被黑客控制。

当中了此类木马病毒后，计算机就可能沦为"肉鸡"，成为黑客手中的工具。

3. 防御

做到如下几点，木马病毒就不容易进入计算机了。

（1）木马查杀。

（2）使用防火墙。

（3）不随便访问来历不明的网站。

（4）不使用来历不明的软件。

（5）及时更新系统漏洞。

相关链接

1. 中国反网络病毒联盟

基础互联网运营企业、网络安全厂商、增值服务提供商、搜索引擎、域名注册机构等单位共同发起成立了中国反网络病毒联盟（http://www.anva.org.cn），通过行业自律机制推动互联网网络病毒的防范、治理工作，净化网络空间，维护公共互联网网络安全。

2. 中国反钓鱼网站联盟

中国反钓鱼网站联盟（http://www.apac.cn）是由国内银行证券机构、电子商务网站、域名注册管理机构、域名注册服务机构、专家学者共同组成的。该联盟建立快速解决机制，借助停止 CN 域名或非 CN 域名钓鱼网站解析或警示等手段，及时终止其危害，构建可信网络。

文明 **文明上网小贴士**

防治 U 盘病毒

国家计算机病毒应急处理中心曾发出警告，U 盘已成为病毒和木马程序传播的最主要途径

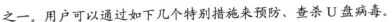

之一。用户可以通过如下几个特别措施来预防、查杀 U 盘病毒。

（1）尽量不要使用双击方式打开 U 盘，而是通过右击打开。如果对系统安全状况有怀疑，建议即便是对硬盘磁盘也做这样的操作。因为在双击运行软件的同时，autorun.inf 可能就已经带着木马病毒一起运行了。

（2）设置显示所有文件，以便 U 盘被感染后能及时发现病毒。具体方法是在"文件夹选项"对话框中取消勾选"隐藏受保护的操作系统文件"复选框，并勾选"显示所有文件和文件夹"复选框。

（3）下载安全卫士，开启"U 盘病毒免疫"功能。

（4）开启安全卫士的"实时保护"功能，以避免在使用 U 盘进行数据文件存储和复制时病毒文件入侵感染。

（5）随时注意判断计算机是否中了 U 盘病毒。其特征是：双击 U 盘无法打开，或者打开的是其他磁盘目录。

（6）注意木马的查杀。几乎所有的 U 盘病毒都是木马，应不定期使用安全卫士的木马查杀功能进行扫描。

（7）有异常情况或疑惑，尽快到论坛反馈。安全卫士开发团队将在第一时间发布木马专杀工具，避免更多的用户被感染。

　**警示窗**

手机病毒

1．定义和种类

手机病毒是一种具有传染性、破坏性的手机程序，其可利用发送短信、彩信、电子邮件，浏览网站，下载铃声，蓝牙等方式进行传播，会导致手机死机、关机，个人资料被删，向外发送垃圾邮件泄露个人信息，自动拨打电话、发短（彩）信等发生恶意扣费，甚至会损毁 SIM 卡、芯片等硬件，导致使用者无法正常使用手机，手机病毒的类型有多种，如图 16-14 所示。

2．传播方式

手机病毒的传播渠道有多种，如图 16-15 所示，主要的传播渠道为以下 4 种。

（1）利用蓝牙方式传播。

2004 年 12 月，国内首例蓝牙病毒在上海被发现，该病毒会修改智能手机的系统设置，通过蓝牙自动搜索相邻的手机是否存在漏洞，并进行攻击。

（2）感染计算机上的手机可执行文件。

2005 年 1 月 11 日，"韦拉斯科"病毒被发现，该病毒感染计算机后，会搜索计算机硬盘上的 SIS 可执行文件并进行感染。

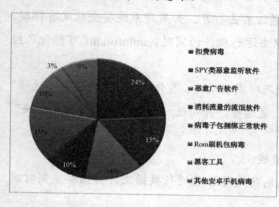

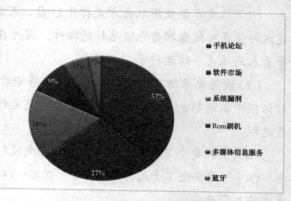

>> 图 16-14　手机病毒的类型　　　　　　　>> 图 16-15　手机病毒的传播渠道

（3）利用 MMS 多媒体信息服务方式来传播。

2005 年 4 月 4 日，一种新的手机病毒传播渠道出现——通过 MMS 多媒体信息服务方式来传播。

（4）利用手机的 BUG 攻击。

3．危害

（1）导致用户信息被窃。

（2）传播非法信息。

（3）破坏手机软硬件。

（4）造成通信网络瘫痪。

4．预防

（1）删除乱码短信、彩信。

乱码短信、彩信可能带有病毒，收到此类短信后要立即删除，以免感染手机病毒。

（2）不要接受陌生请求。

利用无线传送功能（如蓝牙、红外）接收信息时，一定要选择安全可靠的传送对象，如果有陌生设备请求连接，最好不要接受。

（3）保证下载的安全性。

现在网上有许多资源提供手机下载，然而很多病毒就隐藏在这些资源中，这就要求用户在使用手机下载各种资源时确保下载站点是安全可靠的。

（4）选择手机自带背景。

漂亮的背景图片与屏保固然让人赏心悦目，但图片中可能带有病毒，所以最好使用手机自带的图片进行背景设置。

（5）不要浏览危险网站。

一些黑客、色情网站本身就是很危险的，其中隐匿着许多病毒与木马，用手机浏览此类网站是非常危险的。

 思考与讨论

1. 探讨在计算机内安装安全防范软件的必要性。
2. 如何更好地利用安全卫士和杀毒软件，并拓展其应用？
3. 结合日常生活，谈谈安全防御设置的前瞻性，以及如何避免系统崩溃。

体验 17　反黑防马，拦截骚扰

任务 1　信息过滤，反黑防马

任务描述

在上网购物时你是否担心自己被网络钓鱼？在浏览某些网页时你是否担心被篡改主页？在浏览网页时你是否遇到过被强行下载某些软件？以上问题可借助防火墙来解决，让防火墙软件对计算机进行保护，使我们上网时无忧无虑。

任务解析

安装瑞星个人防火墙，拦截网络攻击，阻止黑客攻击系统对用户造成的危险；出站攻击防御，最大程度解决"肉鸡"和"网络僵尸"对网络造成的安全威胁；拦截恶意网址，保护用户在访问网页时，不被病毒及钓鱼网页侵害。

1. 下载安装"瑞星个人防火墙 V16"软件

登录瑞星防火墙官方网站（http://pc.rising.com.cn/rfw/v16.html），单击"免费下载"按钮，

把安装文件"rfwfv16.exe"下载到本地硬盘，然后双击进行安装即可。双击桌面上的"瑞星个人防火墙"快捷方式，进入程序主界面，如图 17-1 所示。单击"立即修复"按钮，对计算机进行体检并开启全面防御。

》 图 17-1　瑞星防火墙主界面

2. "网络安全"设置

单击"网络安全"按钮，进入"网络安全"界面，如图 17-2 所示，网络安全设置包括"安全上网防护"和"严防黑客"两部分内容，根据需要，单击每一行防护措施右侧的"已开启""已关闭"按钮，从而开启和关闭相关防护。

3. "家长控制"设置

为使孩子远离网络侵害，不沉溺网络，"家长控制"功能帮助家长制定网络访问策略。单击"家长控制"按钮，进入如图 17-3 所示的"家长控制"界面，首先开启此项功能，然后设置孩子上网的"生效时段"，勾选相应的"上网策略"复选框，如勾选"禁止玩网络游戏"复选框。可为此项功能设置密码，防止孩子随意进入更改设置。

》 图 17-2　"网络安全"设置

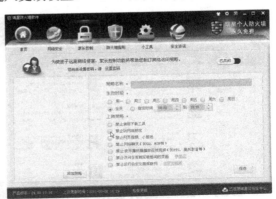

》 图 17-3　"家长控制"设置

4. "防火墙规则"设置

单击"防火墙规则"按钮，进入"防火墙规则"界面，如图 17-4 所示，在"联网程序规则"选项卡中，双击程序的名称，设置其联网程序规则。联网程序规则可对应用程序的网络行为进行监控，可以通过增加、删除、导入和导出应用程序规则、模块规则，或者是修改选项中的内容，对程序、模块访问网络的行为进行监控。

选择"IP 规则"选项卡，可对 IP 包过滤规则进行设置与管理。

※ 图 17-4 "防火墙规则"设置

5. 小工具

单击"小工具"按钮，进入小工具选择界面，这里列出了瑞星提供的多个实用工具，每种工具都有独特的用途，根据需要可进行选择，如图 17-5 所示。图 17-6 所示的是瑞星提供的"防蹭网"工具，当瑞星防火墙扫描当前网络时，发现可疑接入设备后，下面的页面就会列出接入可疑设备的名称和 MAC 地址，以此来判断是否有人非法蹭网，这样用户就可以根据提示，及时更改密码，杜绝蹭网的发生。

※ 图 17-5 小工具

※ 图 17-6 "防蹭网"工具

6．瑞星防火墙设置

单击"首页"右上角的"设置"按钮，弹出"设置"对话框，这里列出了 6 项基本设置，根据需要可进行相应设置，如图 17-7 所示，进行"防黑客设置"操作，设置完毕，单击"确定"按钮使其生效。图 17-8 所示的是右下角托盘图标的菜单命令，直接选择即可。

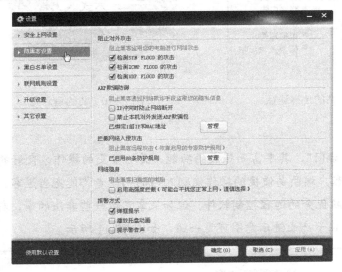

※ 图 17-7　防黑客设置

※ 图 17-8　托盘菜单

 网络课堂

1．钓鱼网站

钓鱼网站通常伪装成银行及电子商务等网站，主要窃取用户提交的银行账号、密码等私密信息。钓鱼网站是一种网络欺诈行为，指不法分子利用各种手段，仿冒真实网站的 URL 地址及页面内容，或者利用真实网站服务器程序上的漏洞，在站点的某些网页中插入危险的 HTML代码，以此来骗取用户的银行或信用卡账号、密码等私人资料。钓鱼网站有 6 种传播途径，如图 17-9 所示。

最典型的网络钓鱼攻击是将收信人引诱到一个通过精心设计后与目标组织非常相似的钓鱼网站上，并获取收信人在此网站上输入的个人敏感信息，通常这个攻击过程不会让受害者警觉。这些个人信息对黑客们具有非常大的吸引力，因为这些信息使得他们可以假冒受害者进行欺诈性金融交易，从而获得经济利益。受害者经常遭受显著的经济损失或个人全部信息被窃取的损失。

防范被网络钓鱼有 6 种方式，如图 17-10 所示。

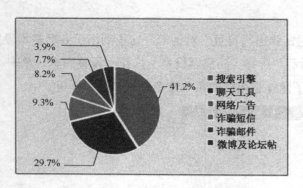

》图 17-9　钓鱼网站的传播途径

》图 17-10　防钓鱼六式

2. 灰鸽子

灰鸽子是国内一款著名的"后门"，其丰富而强大的功能、灵活多变的操作、良好的隐藏性使其他"后门"都相形见绌。客户端简易便捷的操作使刚入门的初学者都能充当黑客。当在合法情况下使用时，灰鸽子是一款优秀的远程控制软件。但如果拿它做一些非法的事，灰鸽子就成了很强大的黑客工具，从灰鸽子产业链示意图可见一斑，如图 17-11 所示。

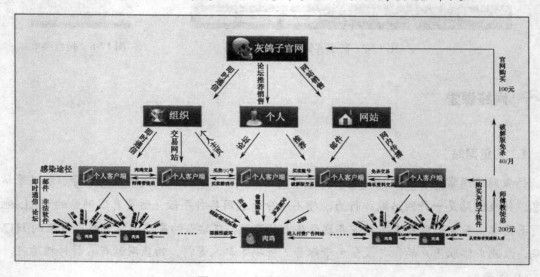

》图 17-11　灰鸽子产业链示意图

灰鸽子的客户端和服务端都是采用 Delphi 编写的。黑客利用客户端程序配置出服务端程序。可配置的信息主要包括上线类型（如等待连接还是主动连接）、主动连接时使用的公网 IP（域名）、连接密码、使用的端口、启动项名称、服务名称、进程隐藏方式、使用的壳、代理、图标等。服务端对客户端的连接方式有多种，使得处于各种网络环境的用户都可能中毒，包括局域网用户（通过代理上网）、公网用户和 ADSL 拨号用户等。

文明上网小贴士

网吧上网注意事项

（1）不要留下任何记录。离开的时候要清除 IE 的历史记录、缓存；删除 QQ 目录下面你的号码目录；如有临时保存到硬盘上的文件，切记删除。

（2）不要在应用软件里面保存任何形式的密码，如 Foxmail、Outlook，还有 FTP，同时，也不要在网页中随便勾选"记住我的密码"复选框。

（3）在登录 QQ 的时候，不要顺手勾选"下次登录时不出现该提示框"复选框，否则每次启动 QQ 你的号码都会自动登录。

（4）人多眼杂，输入密码的时候要小心。

你的计算机成为"肉鸡"了吗？

计算机"肉鸡"是指受别人控制的远程计算机，是中了木马或者留了"后门"，可以被远程操控的机器。

谁都不希望自己的计算机被他人控制，但是很多人的计算机是几乎不设防的，很容易被远程攻击者完全控制。

如何检测计算机是否成为"肉鸡"？要注意以下几种基本情况。

① QQ、MSN 的异常登录提醒。

② 登录网络游戏时发现装备丢失或与上次下线时的位置不符，甚至用正确的密码无法登录。

③ 有时会突然发现鼠标不受控制，在不操作鼠标的时候，鼠标也会移动，并且还会单击有关按钮进行操作。

④ 正常上网时，突然感觉很慢，硬盘灯在闪烁。

⑤ 当准备使用摄像头时，系统提示该设备正在使用中。

⑥ 在没有使用网络资源时，发现网卡灯在不停闪烁。如果设定为连接后显示状态，还会发现屏幕右下角的网卡图标在闪烁。

⑦ 服务列队中出现可疑进程服务，防火墙失去对一些端口的控制。

⑧ 有些程序如杀毒软件防火墙卸载时出现闪屏。

⑨ 一些程序卸载后，目录仍然存在，删除后自动生成。

⑩ 计算机运行过程中或者开机时弹出莫名其妙的对话框。

如何避免计算机成为"肉鸡"？应从以下几个方面着手。

① 关闭高危端口。

② 及时打补丁。

③ 经常检查系统。

④ 盗版 Windows 存在巨大风险，要谨慎使用。

⑤ 小心使用移动存储设备。

⑥ 安全上网。

任务2 保护你的移动生活

任务描述

　　无线路由器目前已被广泛使用，由于它没有网线的束缚，在家庭、办公区域合适的范围内可以自由上网而深受大家欢迎。下面就来将新买的路由器连接好，再设置好参数和密码，让全家人的计算机、手机畅游网络。

任务解析

　　把 TP-LINK 路由器连接到外网，配置无线路由模式，并进行参数和密码设置，最后进行计算机与无线路由器的信道连接。

1．连接好线路

　　在没有路由器之前，计算机直接连接宽带上网。现在要使用路由器共享宽带上网，首先要用路由器来直接连接宽带，把前端宽带连线插接到路由器的 WAN 口上，然后把计算机连接到路由器的 LAN 口上，如图 17-12 所示。如果宽带是电话线接入的，按图 17-12 中①、②、③、④依次接线。如果是直接网线入户的，按图 17-12 中②、③、④的顺序接线。

2．配置好计算机

　　计算机和路由器需要进行通信，首先要对计算机进行设置。双击计算机桌面右下角的本地连接小电脑图标，弹出"本地连接 状态"对话框，单击"属性"按钮，弹出"本地连接 属性"对话框，双击"Internet 协议（TCP/IP）"选项，弹出"Internet 协议（TCP/IP）属性"对话框，参数设置如图 17-13 所示，设置完毕，单击"确定"按钮。

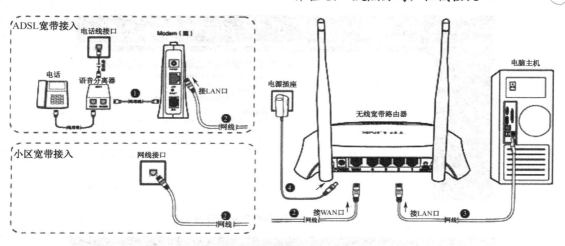

» 图 17-12　TP-LINK 路由器线路连接

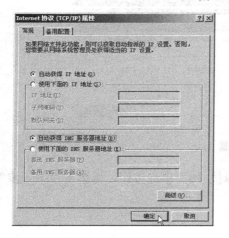

» 图 17-13　配置电脑

» 图 17-14　路由器设置向导

3．配置好路由器

（1）在浏览器地址栏中输入"http://192.168.1.1"，进入路由器的管理界面，在弹出的登录对话框中输入路由器的管理账号（用户名：admin，密码：admin），进入路由器设置界面，如图 17-14 所示，选择左侧的"设置向导"选项，单击右侧的"下一步"按钮，选择无线路由器工作模式为"Router"，单击"下一步"按钮。

（2）进入"设置向导—无线设置"界面，在此设置 SSID 的名称，如图 17-15 所示，并且一定要进行无线安全密码设置，输入字母或数字组合的密码，这样可以最大限度地确保网络安全和网络的稳定性，防止他人非法蹭网。

（3）单击"下一步"按钮，进入"设置向导—上网方式"界面，选中"静态 IP"单选按钮，单击"下一步"按钮，输入"静态 IP"参数，如图 17-16 所示，单击"下一步"按钮，无线路由器参数设置完成，单击"重启"按钮，对路由器进行重启生效。

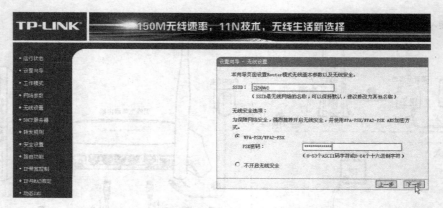

※ 图 17-15　SSID 和安全密码设置

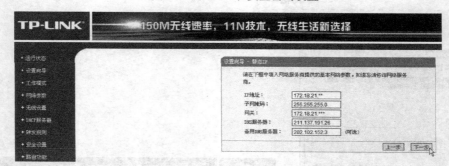

※ 图 17-16　静态 IP 设置

如果是 ADSL 上网，则要选中"PPPoE（ADSL 虚拟拨号）"单选按钮，再单击"下一步"按钮，在对话框中输入上网账号、上网口令、确认口令。

4. 重新连接路由器

开启无线网络连接，弹出"无线网络连接"对话框，如图 17-17 所示，单击右下角的"连接"按钮，输入"网络密钥"，并进行再次确认，如图 17-18 所示，单击"连接"按钮，无线路由器就可以正常使用了。

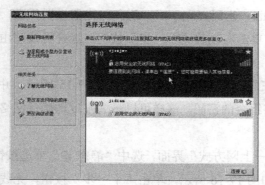

※ 图 17-17　无线网络连接

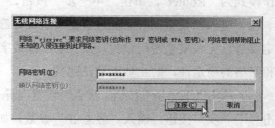

※ 图 17-18　输入网络密钥

网络课堂

1. Wi-Fi 无线上网

（1）Wi-Fi 的全称是 Wireless Fidelity，是当今使用范围最广的一种无线网络传输技术。实际上就是把有线网络信号转换成无线信号，供支持其技术的相关电脑、手机、PDA 等接收。手机如有 Wi-Fi 功能，在有 Wi-Fi 无线信号的时候就可以不通过移动、联通等的网络上网，节省了流量费。

（2）自创的 Wi-Fi 热点上网环境必须满足下条件。

① 要有一块支持软 AP 的无线网卡，一般笔记本自带无线网卡。

② Windows 7、Windows 8 用户操作系统。

③ 计算机必须是联网的状态。

④ 无线网卡信号不能被无线实用程序接管。

⑤ 无线网卡的开关必须是开启状态。

⑥ 防御软件的 ARP 局域网防护必须是关闭状态。

⑦ 网络在非限制的情况下自创 Wi-Fi 无线上网。

（3）使用 Wi-Fi 上网必须满足以下条件。

① 手机必须是智能机，自带 WLAN 功能。

② 笔记本带无线网卡，具有搜索功能。

2. 4G

（1）第四代移动通信技术。4G 集 3G 与 WLAN 于一身，能够传输高质量的视频图像，它的图像传输质量与高清晰度电视机不相上下。4G 系统能够以 100Mbps 的速度下载，比目前的拨号上网快 2000 倍，上传的速度也能达到 20Mbps，并能够满足几乎所有用户对于无线服务的要求。

（2）4G 牌照。2013 年 12 月 4 日下午，工业和信息化部向中国联通、中国电信、中国移动正式发放了第四代移动通信业务牌照（即 4G 牌照），中国移动、中国电信、中国联通 3 家均获得 TD-LTE 牌照，此举标志着我国电信产业正式进入了 4G 时代。

（3）4G LTE。LTE 是英文 Long Term Evolution 的缩写。目前 LTE 已然成为 4G 全球标准，包括 FDD-LTE 和 TDD-LTE 两种制式。LTE 具有 100Mbps 的数据下载能力，被视作从 3G 向 4G 演进的主流技术。

4G 具有以下优势。

① 通信速度快。

② 网络频谱宽。

③ 通信灵活。

④ 智能性能高。

⑤ 兼容性好。

⑥ 能提供增值服务。

⑦ 高质量通信。

⑧ 频率效率高。

⑨ 费用便宜。

 相关链接

4G 相关网页

1. 中国移动 4G 主页

中国移动 4G 的官方网页（http://www.10086.cn/4G/）有 4G 号码、4G 套餐、4G 手机、4G 合约机及上网卡等相关内容，以及关于 4G 的疑难问答等。

2. 中国电信天翼 4G 主页

中国电信天翼 4G 主页（http://www.189.cn/4g/）对中国电信天翼 4G 进行了概述，以此来深入了解天翼 4G。

手机在线

360 手机卫士

1. 下载安装 360 手机卫士

登录官方网站（https://shouji.360.cn/），单击"立即下载"按钮，下载到本地硬盘并安装到手机上，或用手机扫描二维码进行下载并安装，如图 17-19 所示。

※ 图 17-19　360 手机卫士下载二维码

2. 欺诈拦截

手机卫士启动后，主界面如图 17-20 所示，单击"欺诈拦截"图标，进入如图 17-21 所示的界面，单击"拦截记录"图标，对不方便和不想接的电话、垃圾短信进行拦截并记录；单击

"诈骗鉴定"图标，在鉴定框中输入要鉴定的内容，可鉴定诈骗电话号码、诈骗短信、诈骗微信、诈骗银行卡号和诈骗网址等；单击"我要举报"图标，如果不幸遭遇诈骗，举报骗子的电话、网址、QQ 号、微信号等，举报信息提交给公安机关，作为有效的破案线索和证据链；单击"诈骗理赔"图标，不管是因为短信诈骗、网络钓鱼，还是因为感染了木马病毒而遭受财产损失，360 都将携手泰康人寿为您先行赔付。360 手机卫士还提供了伪基站的检测。

※ 图 17-20　主界面

※ 图 17-21　欺诈拦截

3．手机清理与杀毒

单击主界面左上角的"清理加速"图标，进入如图 17-22 所示的"清理加速"界面，扫描完毕后，单击"一键清理加速"按钮，对手机进行优化处理。

单击主界面的"手机杀毒"图标，进入如图 17-23 所示的"手机杀毒"界面，单击"快速扫描"按钮，扫描手机内的关键位置，查杀病毒；单击"支付安全"图标，进入如图 17-24 所示的"支付保镖"界面，检测诈骗网址、公共 Wi-Fi，保护验证码短信，让手机支付在安全环境中进行。

4．工具箱

单击主界面下方的"工具箱"图标，进入如图 17-25 所示的"我的工具箱"界面，这里列出了流量控制、程序锁、手机备份等工具。

单击"程序锁"图标，进入如图 17-26 所示的"程序锁"界面，首先选择"微信锁"功能，根据需要对微信钱包、朋友圈和进入微信时 3 项内容进行加锁设置，可有效保护微信，避免因手机被他人使用或丢失而造成损失；也可对手机的应用进行加锁处理，这样就有效保护了手机内容的常用程序。

》图 17-22 清理加速 》图 17-23 手机杀毒 》图 17-24 支付保镖

》图 17-25 工具箱 》图 17-26 程序锁

 文明上网小贴士

反垃圾信息相关网站

1. 12321 网络不良与垃圾信息举报受理中心

12321 网络不良与垃圾信息举报受理中心（http://www.12321.cn）是中国互联网协会受工业和信息化部委托设立的举报受理机构，负责协助工业和信息化部承担关于互联网、移动电话网、固定电话网等各种形式信息通信网络及电信业务中不良与垃圾信息内容（包括电信企业向用户

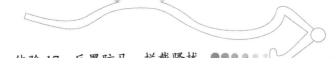

发送的虚假宣传信息）的举报受理、调查分析及查处工作。

2．光芒可信

光芒可信（http://www.12321.org.cn）以"治理网络垃圾信息，维护绿色的网络环境"为目标，立足于海量信息的处理，通过群体智慧进行数据挖掘和服务，与邮件服务商、手机厂家制造商、运营商建立广泛合作，共同构建绿色、可信赖的信息环境。

　警示窗

垃圾短信

1．概念

垃圾短信是指未经用户同意向用户发送的用户不愿意收到的短信息，或用户不能根据自己的意愿拒绝接收的短信息，主要包含以下属性。

（1）未经用户同意向用户发送的商业类、广告类等短信息。

（2）其他违反行业自律性规范的短信息。

2．分类

中国国内手机垃圾短信大致分五大类。

第一类：骚扰型短信，多为一些无聊的恶作剧，发送号码多为手机或小灵通号码。

第二类：欺诈型短信，此类短信多是想骗取用户的钱财，如中奖信息，发送号码多为手机或小灵通号码。

第三类：非法广告短信，如出售黑车、麻醉枪之类的商品，发送号码多为手机或小灵通号码。

第四类：SP（短信业务提供商）违规群发，误导用户订制短信业务，发送号码多为SP接入代码，一般为4位数字。发送号码不分网内网外，既有通过移动号码对联通用户发送的，也有外地联通号码对本区用户发送的。

第五类：诅咒型短信，此类短信多以让更多用户转发为目的而加以诅咒内容，以威胁短信接收者按照其意愿来做出不自愿的行为。

3．政策法规

2015年5月，工业和信息化部31号令《通信短信息服务管理规定》正式发布，消费者对抗垃圾短信、政府部门监管垃圾短信有了法律依据。

《通信短信息服务管理规定》第十八条规定，"任何组织和个人未经接受者同意或者请求，不得向其发送商业性信息"，消费者认为自己受到商业性短信息侵扰的可以向12321网络不

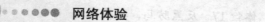
良与垃圾信息举报受理中心投诉，中心需在规定时间内做出反馈。专家认为，举报机制的建立有利于利用社会监督来减少垃圾短信；而投诉受理主体的确认，则有助于避免投诉反馈中的扯皮问题。

4. 产生原因

第一，某些趣味低下的人传播黄色短信以取悦他人。

第二，一些不法分子利用短信诈取钱财。

第三，一些人利令智昏，轻易相信各种"天上掉馅饼"的好事。

第四，在特定环境中，人们容易听信空穴来风的谣言。

第五，更重要的原因是中国有关信息安全方面的立法不到位，相关部门的监管机制不健全，社会主义道德观没有真正确立。

此外，垃圾短信发送成本较低、垃圾短信推送者利用技术手段逃避监管等原因，也造成了垃圾短信泛滥。

5. 主要危害

（1）利用短信进行勒索、诈骗的违法犯罪的活动日渐猖獗（如以中奖、征婚、敲诈等主要方式出现）。

（2）由于一些居心叵测、别有用心的人利用短信传播不实消息和谣言，在群众中造成大面积恐慌，搅得人心惶惶。

6. 治理措施

（1）加强立法。2011年4月8日，最高人民法院、最高人民检察院《关于办理诈骗刑事案件具体应用法律若干问题的解释》正式实施。根据该解释，电信诈骗行为将受到从严惩处。

（2）加强监管力度。电信、网络公司要加强管理，明确责任，制定切实可行的预防措施，相互协调，共同监督。

（3）加强对公民道德素质的教育。引导公民自觉学习信息安全方面的知识，培养公众对不良短信的免疫力，不要因贪图小利而上当受骗。公民要努力提高思想素质，洁身自好，不制造、不传播不良短信，有效地消除不良短信生存蔓延的空间。

 思考与讨论

1. 如果受到外来网络攻击，该如何防御？
2. 如何更好地利用防火墙和手机安全卫士，并拓展其应用？
3. 结合日常生活，谈谈如何预防垃圾短信和骚扰电话。